Margot und Roland Spohn

# Blumen und ihre Bewohner

**Margot Spohn, Roland Spohn**

# Blumen und ihre Bewohner

## Der Naturführer zum reichen Leben an Garten- und Wildpflanzen

2., korrigierte Auflage

**Haupt Verlag**

*Margot Spohn* hat Biologie mit Schwerpunkt Botanik und Pharmazeutische Biologie studiert. Hauptberuflich ist sie mit der Zulassung komplementärmedizinischer Arzneimittel in der Schweiz beschäftigt.
*Roland Spohn* arbeitet als selbstständiger Biologe im Bereich Naturfotografie und Sachillustration. Außerdem kombiniert er viele biologischen Themen zu fantasievollen Gemälden und zeigt diese in Ausstellungen.
Beide Autoren verbringen viel Zeit mit Beobachtungen in der Natur und geben ihr Wissen auf Exkursionen und in gemeinsamen Büchern weiter.

Der Haupt Verlag wird vom Bundesamt für Kultur mit einem Strukturbeitrag für die Jahre 2016–2020 unterstützt.

Layout und Umschlagsgestaltung: pooldesign.ch

2. Auflage: 2020
1. Auflage: 2015

Diese Publikation ist in der Deutschen Nationalbibliografie verzeichnet.
Mehr Informationen dazu finden Sie unter http://dnb.dnb.de.

ISBN 978-3-258-08169-4

Printed in Germany

# Inhaltsverzeichnis

# Vorwort

Viele Jahre lang haben wir bei unseren Streifzügen durch die Natur unser Hauptaugenmerk auf die Botanik gerichtet. Haben wir eine Pflanze fotografiert, ärgerten wir uns des Öfteren über Fraßlöcher, jagten Käfer weg und schubsten Raupen von den Blättern. Nur was uns gefiel, durfte bleiben. Oder was sich im Sinne der Blütenökologie sozusagen rechtmäßig auf den Blüten tummelte – Bienen und Schmetterlinge zum Beispiel.

Pflanzen alleine sind tolle und faszinierende Lebewesen. Doch die Beschäftigung mit den Partnern, die auf, von und mit ihnen leben und wie sie dies tun, eröffnet ganz neue Horizonte. Wie viele dieser zum Teil hoch spezialisierten Organismen es gibt, können wir bei Weitem noch nicht überschauen. Auf jeden Fall gilt auch für sie: Einer kommt selten allein.

Bei unserer Suche nach den Bewohnern, Freunden und Feinden hatten wir zeitweise den Eindruck, bisher blind durch die Natur gelaufen zu sein. Warum war uns diese riesige Vielfalt noch nicht aufgefallen? Hatten wir im Vorbeigehen immer nur einen kurzen Blick auf die Pflanzen geworfen und diese als «alte Bekannte» abgestempelt? Wahrscheinlich war es so. Wir haben einfach vergessen, ihnen tief in die Blüte oder unter die Blätter zu schauen oder ihnen auf die Wurzel zu fühlen.

Doch seit wir gerade bei uns gut bekannten Pflanzen wieder häufiger stehen bleiben und diese von allen Seiten betrachten, hat sich uns eine neue Welt aufgetan. Der blinde Fleck hat schillerndes Leben verborgen! Hinter vielen der lockeren und engen Beziehungen stecken spannende Geheimnisse, in die Forscher zum Teil erst in den letzten Jahren Einblick erhalten haben. Auch für zukünftige Wissenschaftler gibt es hier noch viel zu ergründen.

Als wir das Konzept zu diesem Buch entwickelten, entschieden wir, uns lieber intensiver mit wenigen Partnerschaften zu beschäftigen, als einen Anspruch auf Vollständigkeit zu erheben. Die meisten Pflanzen leben mit vielen, oft mehreren Dutzend Partnern zusammen. Eine Internetseite listet zum Beispiel für England auf der Gelben Schwertlilie alleine 20 Insektenpartner auf, auf der Gewöhnlichen Kratzdistel rund 50 und auf dem Löwenzahn fast 100. Sie alle und zusätzliche Beziehungen zu weiteren Organismen zu beschreiben, hätte zu langweiligen Listen und Tabellen geführt.

Die Auswahl der Pflanzenarten, die wir getroffen haben, und der mit ihnen in Kontakt stehenden Organismen sollen Beispiele für ein breites Spektrum von Beziehungen zeigen. Möglichst sollten es außerdem Blumen sein, die vielen Naturliebhabern bereits bekannt sind und auch gut erkannt werden können.

Im Folgenden möchten wir Ihnen diese faszinierenden Gemeinschaften rund um die Blumen näher vorstellen, Sie zum Staunen bringen und – vor allem – Ihre Neugierde wecken. Lassen Sie sich von unserer Begeisterung mitreißen!

Margot und Roland Spohn

Jedes Stockwerk einer Pflanze – hier des Wiesen-Salbeis *(Salvia pratensis)* – bietet Lebensraum für eine Vielzahl von Organismen.

## Was ist der Lebensraum Blume?

Lebensräume stellen wir uns für gewöhnlich groß vor – mindestens so groß wie eine Wiese, einen Teich oder ein Stück Wald. Für den freien Menschen kann es eine Stadt sein. Für einen Gefängnisinsassen oder Astronauten dagegen werden wenige Quadratmeter zum Lebensraum.

Der «Lebensraum Blume» begibt sich auf die Ebene, in der eine einzige Pflanze im Mittelpunkt steht. Ob und wo sie wächst, hängt stark von abiotischen Faktoren wie Boden, Nährstoffangebot und Witterung ab. Auf diese wird im Folgenden höchstens knapp eingegangen. Im Zentrum stehen vielmehr die Fragen, wer und was auf, in, von und mit einer bestimmten Blume lebt. Welche Beziehungen bilden die verschiedenen Arten miteinander? Wie kommunizieren sie miteinander? Wer profitiert von wem, und wer zieht den Kürzeren?

Eine einzige Pflanze als einen Lebensraum zu betrachten, erinnert im ersten Augenblick daran, mit einem Scheinwerfer einen einzelnen Zuschauer in einer Menschenmenge anzustrahlen: Er ist nur einer von vielen, seine Rolle in der Masse erscheint gar nicht besonders groß. Doch er ist ein Individuum mit einer eigenen Geschichte, eigenen Ansprüchen und Möglichkeiten. Ähnlich zeigt der Fokus auf eine bestimmte Blume besonders anschaulich Beziehungen und Prozesse dieser Art. Sie kennenzulernen, gibt gleichzeitig eine Vorstellung davon, was sich tausendfach in ähnlicher Weise auf jeder Wiese, in jedem Teich und in jedem Wald abspielt: Beziehungskisten und Abläufe, deren Zusammenspiel große Ökosysteme bilden.

Der Teichfrosch *(Pelophylax esculentus)* sitzt gerne auf Seerosenblättern und wartet dort auf Insekten.

## Wer lebt im Lebensraum Blume?

Im Einzugsbereich einer Blume herrscht munteres Treiben: Säugetiere streifen an ihr vorbei oder fressen sie ab. Vögel picken Läuse, Raupen, Spinnen und andere Kleintiere von ihr, zerlegen die Blütenköpfe und fressen die Samen. Auch Amphibien, Reptilien und Fische können sich um die Pflanze tummeln. Insekten aller Art besiedeln oder besuchen sie von der oberen Blütenetage bis zur Wurzelspitze. Winzige flügellose Urinsekten aus der Gruppe der Springschwänze sind ebenso anzutreffen wie Milben und andere Spinnentiere. Verschiedene Gruppen von Würmern leben an den Wurzeln oder in den Pflanzen. Schnecken fressen an ihnen. Hinzu kommen unzählige mikroskopisch kleine Organismen.

Oben links: Der Hallesche Blattkäfer *(Sermylassa halensis)* frisst auf Labkraut.

Oben rechts: Irisrüssler *(Mononychus punctum-album)* sind auf Schwertlilien spezialisiert.

Unten: Der Scheckhorn-Distelbock *(Agapanthia villosoviridescens)* lebt besonders auf Disteln, Brennnesseln und Doldenblütlern. Seine Larven entwickeln sich in deren Stängeln.

## Einige wichtige Gruppen der Blumenpartner

**Käfer**

Käfer bilden mit fast 400 000 Arten weltweit die größte Insektengruppe. Rund 8000 Arten leben in Mitteleuropa. Die Vorderflügel der Käfer sind zu harten Deckflügeln umgebildet. Darunter falten sie ihre häutigen Flugflügel zusammen. Die meisten Käfer haben kauend-beißende Mundwerkzeuge. Mit diesen fressen die Vegetarier unter ihnen Pflanzenteile, räuberische Käfer packen ihre Beute damit und zerteilen sie. Ausschließlich von Pflanzen ernähren sich die Larven und Imagines der Blattkäfer, der meisten Rüsselkäfer und Bockkäfer sowie viele Vertreter aus weiteren Gruppen. Käferlarven haben sechs Beine oder sind beinlos. Wenn sie ausgewachsen sind, verpuppen sie sich. Erst nach einer vollständigen Metamorphose schlüpft der Käfer.

**Blattkäfer** glänzen oft metallisch. Ihr Körper ist meistens eiförmig und mehr oder weniger gewölbt.

**Rüsselkäfer** tragen ihren Namen nach der Form des verlängerten Kopfes. Die Mundwerkzeuge sitzen an der Spitze dieses Rüssels, die Fühler oft seitlich, meist gekniet.

**Bockkäfer** fallen durch die sehr langen, gegliederten Fühler auf.

**Schmetterlinge**

Nach den Käfern bilden die Schmetterlinge mit über 150 000 Arten weltweit die zweitgrößte Gruppe der Insekten. In Mitteleuropa leben rund 4500 Arten. Ihre meist walzen-

Bei Wanzen wird jedes der fünf Larvenstadien der Imago immer ähnlicher. Hier die Grüne Stinkwanze *(Palomena prasina)*. Die Größenverhältnisse sind nicht maßstabgetreu. Imago: 12–14 mm.

förmigen Larven, die Raupen, gehören zu den bekanntesten Pflanzenfressern. Sie haben einen Kopf mit deutlichen Mundwerkzeugen und unscheinbaren Punktaugen. Die ersten drei Körpersegmente tragen gegliederte Beine, weitere Segmente insgesamt bis zu vier Paar ungegliederte Bauchbeine, hinzu kommt ein Paar Nachschieber am letzten Hinterleibssegment. Wie bei Käfern findet ihre Metamorphose zum Schmetterling während eines Puppenstadiums statt. Die Imagines faszinieren mit ihren meist gut ausgebildeten, oft schön gefärbten, beschuppten Flügeln. Wenn sie überhaupt noch Nahrung zu sich nehmen, so saugen sie diese mit ihrem oft sehr langen, einrollbaren Rüssel auf.

**Wanzen**

Auch unzählige der weltweit etwa 40 000 Wanzenarten (davon rund 1000 in Mitteleuropa) leben auf Pflanzen. Je nach Art ernähren sie sich vegetarisch oder räuberisch. Dabei bohren sie mit ihren stechend-saugenden Mundwerkzeugen winzige Löcher in das Gewebe, bevor sie den Saft heraussaugen. Ihre Vorderflügel sind im Gegensatz zu denen der Käfer nur etwa zu zwei Dritteln zu Halbdecken verhärtet. Der hintere Flügelteil bleibt dünnhäutig. Die Hinterflügel liegen zusammengefaltet unter den Halbdecken, bei manchen Wanzen fehlen sie auch. Die Larven ähneln äußerlich bereits dem erwachsenen Tier. Aus der Haut des letzten Larvenstadiums schlüpft ohne ein zwischengeschaltetes Puppenstadium die erwachsene Wanze.

**Pflanzenläuse**

Blattläuse, Blattflöhe, Schildläuse und Mottenschildläuse sind mit den Wanzen und Zikaden verwandt und meist ziemlich klein. Weltweit kennt man über 15 000 Arten, davon leben über 1000 Arten in Mitteleuropa. Sie saugen Pflanzensaft, wobei sich viele auf einen oder wenige Wirte spezialisiert haben. Häufig pflanzen sich die Tiere nicht nur geschlechtlich

Links: Diese Blattwespe (*Tenthredo* sp.) zeigt eine typische Wespenmimikry. Sie sitzt auf einem Weidenblättrigen Rindsauge.

Rechts: Die Afterraupe der Blattwespe *Tenthredo zonula* frisst ausschließlich Johanniskraut.

fort, sondern vermehren sich auch ungeschlechtlich. So können sie in kurzer Zeit riesige Kolonien auf den Wirtspflanzen bilden. Wenn Flügel vorhanden sind, sind diese dünnhäutig.

**Zikaden**

Auch die 700 bis 800 in Mitteleuropa bekannten Zikadenarten saugen an Pflanzen. Sie haben wie die Wanzen fünf Larvenstadien, oft sind diese stärker an eine bestimmte Wirtspflanze gebunden als die Imagines. Die Hinterbeine dienen als Sprungbeine, mit denen sich die Tiere bei Gefahr blitzschnell wegkatapultieren können. Wenn bei den Imagines Flügel vorhanden sind, so liegen sie in Ruhe wie ein Giebeldach auf dem Rücken.

**Hautflügler**

Diese Gruppe umfasst weltweit über 100 000 Arten. Bei uns ist sie mit rund 12 000 Arten die größte Insektengruppe. Die Imagines zeichnen sich durch zwei Paar häutige Flügel aus, die allerdings bei manchen Arten zurückgebildet sind. Der Kopf ist beweglich. Die Weibchen haben einen Stachelapparat, der entweder als Wehrstachel oder als Legestachel dient.
**Bienen** besuchen Blüten und sammeln Pollen in speziellen Sammelvorrichtungen.
**Hummeln** gehören zur Familie der Bienen. Sie sind dicht behaart und wirken meist «pummelig».
**Faltenwespen** zeichnen sich durch eine Wespentaille aus, die den Übergang zwischen Brust und Hinterleib einschnürt. Meistens sind sie kaum behaart und auffällig gefärbt. Sie besitzen einen Wehrstachel. Viele Insekten aus anderen Insektengruppen ahmen

Auch die harmlose Hain-Schwebfliege *(Episyrphus balteatus)* ahmt in ihrer Zeichnung eine gefährliche Wespe nach. Hier sitzt sie auf einem Pfeilkraut.

mit schwarz-gelben Ringeln Wespen nach, damit sie ähnlich gefährlich wirken (Mimikry).

**Schlupfwespen** sind meist schlank. Sie bohren ihre Eier mit ihrem Legestachel in andere Insekten. Die Larven wachsen dort als Parasitoide heran.

**Ameisen** haben ebenfalls eine Wespentaille, sie leben in Staaten. Die Arbeiterinnen tragen keine Flügel. Nur die geschlechtsreifen Tiere können fliegen.

**Blattwespen** haben weder eine Wespentaille noch einen Wehrstachel. Allerdings ähneln sie in der Färbung oft den Echten Wespen. Sie heißen auch «Sägewespen», da der Legebohrer des Weibchens einer Säge ähnelt. Mit diesem ritzt es das Pflanzengewebe an, um seine Eier hineinzulegen. Die Larven (Afterraupen) ähneln Schmetterlingsraupen. Sie haben jedoch mehr als fünf Bauchbeinpaare und einen rundlichen Kopf mit zwei deutlichen Punktaugen. Die Imagines ernähren sich von Nektar oder räuberisch.

### Fliegen

Diese Insekten werden mit den Mücken zu den Zweiflüglern zusammengefasst. In Mitteleuropa leben über 9000 Arten. Bei ihnen ist das erste Flügelpaar zu häutigen Flugorganen entwickelt. An Stelle der Hinterflügel haben sie gestielte, kleine Schwingkölbchen, die den Flug stabilisieren. Im Gegensatz zu Mücken wirken viele Fliegen kompakt und eher massig. Ihre Fühler sind auffallend kurz, die Mundwerkzeuge meistens leckend-saugend ausgebildet. Am bekanntesten sind solche Fliegen, die in Häusern um Fleisch und Nahrungsmittel kreisen. Schwebfliegen besuchen Blüten, Minier- und Bohrfliegen legen ihre Eier in lebende Pflanzen, wieder andere Gruppen an lebenden Insekten ab.

### Webspinnen und Weberknechte

Um 800 Arten Webspinnen und etwa 100 Weberknechtarten lauern in Mitteleuropa auf Beute, meist Insekten. Sie verdauen diese außerhalb ihres Körpers und saugen den Saft auf. Im Gegensatz zu Insekten haben Spinnen acht Beine. Webspinnen spannen häufig

Links: Spinnentiere Huckepack: Auf diesem Gewöhnlichen Gebirgsweberknecht *(Mitopus morio)* parasitieren drei rote Milben.

Rechts: Brennnessel-Seggenroste (*Puccinia urticata* s.l.) bilden orangerote Sporenlager auf den Blättern oder an den Stängeln von Brennnesseln.

Fangnetze zwischen Pflanzen oder jagen auf diesen. Weberknechte haben keine Spinnwarzen, aber lange, zerbrechliche Beine. Sie sind nachtaktive Allesfresser.

**Milben**

Die rund 50 000 weltweit bekannten Milbenarten (Mitteleuropa etwa 3000) zählen ebenfalls zu den Spinnentieren. Sie sind oft winzig und gehören zu den unauffälligen Bewohnern. Unzählige leben im Boden. Meist zeigt erst ein Blick durch eine gute Lupe, dass auch viele auf Pflanzen leben. Andere parasitieren an Insekten oder Wirbeltieren. Im Larvenstadium besitzen Milben oft sechs Beine, ausgewachsen dagegen meist acht. Gallmilben haben auch als erwachsene Tiere nur vier Beine.

**Pilze**

Diese große Organismengruppe bildet neben den Tieren und Pflanzen ein eigenes Reich. In Mitteleuropa kennt man bisher 14 000 Arten an Groß- und Kleinpilzen. Für das Wachstum benötigen Pilze im Gegensatz zu den meisten Pflanzen organische Stoffe. Sie wachsen als einzellige Hefen oder bilden feine Fäden (Hyphen), die sich zu Fadengeflechten (Myzel) verweben. Für die Blumen spielen Pilze besonders als Symbiosepartner eine wichtige Rolle: Als Mykorrhizapilze stellen sie über die Wurzeln einen direkten Kontakt zur Pflanze her. Wieder andere fallen als Parasiten über die Pflanzen her und rufen Pflanzenkrankheiten wie Mehltau oder Rost hervor. Wieder andere haben sich auf den Abbau von abgestorbenen Pflanzenteilen spezialisiert. Die Sporen, die Pilze für die geschlechtliche und ungeschlechtliche Vermehrung bilden, entstehen oft in oder an besonderen Gebilden. Bekannter als die oft kleinen Sporenlager vieler Pflanzenparasiten sind Großpilze mit hut- oder schüsselförmigen Fruchtkörpern.

**Mikroorganismen**

Bakterien, Hefepilze und andere Pilze überziehen die Oberflächen von Pflanzen und der auf ihnen lebenden Partner. Sie zeigen sich nur unter dem Mikroskop. Einige von ihnen dringen in die Pflanze ein und werden indirekt sichtbar, indem sie die Pflanze verändern oder zu Krankheiten führen. Viele dagegen – neben Bakterien und Pilzen auch Algen und andere Einzeller – wachsen auf der lebenden Pflanze, ohne eine erkennbare Auswirkung zu haben. Sie sorgen jedoch später zum Beispiel für die Gärvorgänge in feuchtem Heu oder das Faulen von abgeschnittenen Stängeln. Besonders wichtig sind sie auch für den Abbau von abgestorbenen Pflanzenteilen. Auch Viren können Pflanzen befallen und ähnliche Symptome wie Bakterien und Pilze hervorrufen.
Viele der Winzlinge reisen als blinde Passagiere in oder an pflanzenbesuchenden Insekten von einer Pflanze zur anderen.

Oben: Jeden Tag frisst eine weidende Kuh rund 70 kg frische Pflanzen. Beim Wiederkäuen helfen ihr Milliarden von Mikroorganismen im Pansen, die Nahrung zu verdauen.

Unten: Diese Gepunktete Nesselwanze *(Liocoris tripustulatus)* hat im Mark des abgestorbenen Stängels einer Tollkirsche überwintert. Im Sommer lebt sie auf Brennnesseln, aber auch auf Mädesüß und Giersch.

**Was bietet die Pflanze?**

Jeder Partner lebt aus einem anderen Grund auf, in oder in der Nähe der Pflanze. Oft kommen auch mehrere Gründe zusammen. Der wichtigste und auffälligste ist sicher das Nahrungsangebot. Große und kleine Pflanzenfresser – vom Elefanten bis zum Spitzmausrüssler – werden hier satt. Die meisten von ihnen können die pflanzliche Kost jedoch nur mithilfe von symbiontischen Mikroorganismen aufschließen und so ihren Nährwert umfassend nutzen.

Blumen bieten oft sowohl dem Besucher eine Futterquelle als auch dessen Nachkommen. Bienen sammeln Nektar und Pollen für ihre Brut, Ameisen tragen Samen in ihre Nester. Andere Pflanzenliebhaber machen sich nicht die Mühe, die Nahrung davonzutragen sondern legen ihre Eier direkt auf oder in die Pflanze. Die Larven können so mit stets nachwachsender Frischkost aufwachsen.

Gleichzeitig profitieren sie von Schutzeinrichtungen der Pflanze. Die Kinderstube im Stängel oder in den Tiefen eines Blütenkörbchens hält Wind und Wetter fern. Manche Insekten wickeln Blätter direkt an der Pflanze zu Schutzhütten, andere schneiden Pflanzenteile ab und transportieren sie als Nistmaterial an einen passenden Ort.

Doch nicht nur Vegetarier kommen im Lebensraum Blume auf ihre Kosten. Räuberische Insekten und Spinnen finden hier ebenso reichlich Beute wie insektenfressende Säugetiere und Vögel. Sogar abgestorbene Pflanzenteile sind nicht nutzlos. Sie bieten Lebensgrundlage für viele Pilze und Mikroorganismen und geeignete Schutzräume für kleine Tiere.

## Wunschgäste oder ungeliebte Überfälle

Eine Pflanze ist an den Ort gebunden, an dem sie als Keimling Fuß gefasst hat. Ihre Wurzeln und Sprosse können zwar in bestimmte Richtungen wachsen, große Sprünge sind ihr damit aber nicht möglich. Doch die Blume wächst nicht in einem isolierten Schutzzelt.

Einerseits kann sie von den Lebewesen in ihrer Umgebung profitieren: Sie bildet Teams mit Wurzelpilzen, um besser mit Nährstoffen versorgt zu sein. Fleischfressende Pflanzen besorgen sich Nährstoffe, indem sie Kleintiere mit besonderen Tricks fangen und dann verdauen. Blüten locken Insekten an, die den Pollen transportieren und so weitere Blüten bestäuben. Auch für ihre Früchte und Samen nutzen Blumen gerne verschiedene Tiere als Träger, um diese an einen neuen Standort zu bringen – manchmal sogar auf einen anderen Kontinent.

Andererseits bieten die Blumen auch einem Heer von pflanzenfressenden Tieren einen gedeckten Tisch. Pilze und Bakterien können sie befallen, krank machen oder sogar zum Absterben bringen. So ist es nicht verwunderlich, dass sie ein großes Repertoire von direkten und indirekten Abwehrmechanismen entwickelt haben, um sich unliebsame Besucher vom Leib zu halten.

## Wie knüpfen Pflanzen und Tiere ihre Kontakte?

Je intensiver Wissenschaftler verschiedener Fachrichtungen das Zusammenspiel zwischen Pflanzen und Tieren untersuchen und beobachten, desto mehr Erstaunliches tritt zutage. Schon lange ist bekannt, dass *Farben* eine wichtige Rolle spielen. Viele Tiere nehmen die Farben aber ganz anders wahr als wir: So sehen zum Beispiel Bienen kein Rot, dafür erkennen sie UV-Licht. Bestimmte Leitlinien in den Blüten, von Blütenökologen als Saftmale bezeichnet, weisen den Bestäubern den Weg zur Nektarquelle. Gelbe Pollensäcke versprechen ebenso reichliche Nahrung wie als Attrappen angelegte gelbe Wülste oder Muster auf den Blütenblättern.

Auf der Pflanze angekommen, spielt der *Tastsinn* eine wichtige Rolle. Der Besucher fühlt Haare, Borsten oder auch ölige Oberflächen und kann sich an diesen orientieren.

Selbst unserer Nase entgeht es nicht, wie wichtig *Duftstoffe* sind, wenn es darum geht, eine bestimmte Blume zu erkennen – oder einen Partner zu mögen. Aber erst seit feine Techniken entwickelt wurden, können auch winzige Spuren von Stoffen chemisch analysiert werden, die wir nicht riechen. Seither wird deutlich, wie weitreichend und wie kompliziert chemische Signale wirken. Dabei kann ein Stoff, der den einen Besucher anlockt, gleichzeitig als Abwehrstoff gegen einen anderen dienen oder nachträglich für einen anderen Zweck abgewandelt werden. Dasselbe gilt für Geschmacksstoffe. Auch

Die für uns rote Mohnblüte *(Papaver rhoeas)* reflektiert UV-Licht, sodass Bienen und Hummeln sie kontrastreich wahrnehmen können.

hier können Nuancen darüber entscheiden, ob einem Besucher die Pflanze schmeckt oder nicht.

Tiere, die sich eine Pflanze als Lebensraum herausgesucht haben, stehen selbst meist nicht am Ende der Nahrungskette. Andere Tiere, aber auch Krankheiten stellen eine ständige Gefahr für sie dar. Einige haben sich deshalb wirksame Tarnwesten zugelegt, mit denen sie selbst von wachsamen Wirbeltieraugen kaum entdeckt werden können. Andere bilden Abwehrstoffe oder nehmen Giftstoffe aus der Pflanze auf und nutzen sie zur Selbstverteidigung. Oft warnen sie den Feind mit Schreckfarben, damit er gar nicht erst in Versuchung kommt, sie zu probieren. Um räuberischen oder parasitisch lebenden Insekten zu entkommen, müssen sie noch andere Strategien entwickeln. Einige verbergen sich oder ihren Nachwuchs im Innern der Pflanzen oder in eingerollten Blättern. Andere haben das Zusammenleben weiter perfektioniert. Sie stimulieren das Pflanzengewebe so um, dass es zu einem Wohnraum in Form einer Galle wächst.

### Zufällige Besucher und Kontakte

Viele Tiere, die sich an oder auf einer Pflanze beobachten lassen, haben keine direkte Bindung zu dieser Pflanzenart oder überhaupt zu Pflanzen. Sie nützen diese lediglich als eine von unzähligen Möglichkeiten, um zu fressen, zu jagen oder auszuruhen. Ihr Lebens-

Links: Bestäuber müssen über die Haare in der Blüte des Gewöhnlichen Fettkrauts *(Pinguicula vulgaris)* klettern.

Rechts: Das Punktmuster in der Blüte des Roten Fingerhuts *(Digitalis purpurea)* imitiert viele Staubbeutel.

raum richtet sich nach einem größeren Ökosystem wie einem Wald oder einer Wiese. Nicht biologische Faktoren wie Trockenheit, Feuchtigkeit, sommerliche Hitze und winterliche Kälte spielen eine wesentliche Rolle für ihr Vorkommen. Die Porträts zu den einzelnen Blumen beschäftigen sich kaum mit diesen Zufallsbekanntschaften. Da sie jedoch sehr häufig sind, zeigen die Seiten 21–23 einige davon.

### Regelmäßige Besucher und Kontakte

Je enger die Bindung eines Partners an die Pflanze wird, desto sicherer können Sie ihn auf exakt dieser Art antreffen. Manche Beziehungen ähneln jedoch eher lockeren Bekanntschaften als Busenfreundschaften. Auch wir treffen uns mit unseren Bekannten. Je nachdem, wie es sich ergibt, mal mit dem einen, mal mit dem anderen. Ähnlich ergeht es vielen Blütenbesuchern. Ihr Blütenspektrum beschränkt sich nicht auf eine einzige Art. Sie fliegen aber beispielsweise besonders gerne Blüten einer bestimmten Farbe oder Form an oder treffen ihre Auswahl nach anderen Kriterien. Stimmt die Umgebung und kommen passende Blumen dort vor, landen sie immer wieder dort – oft über Tage oder sogar Wochen hinweg.

### Kurzzeitige Gäste/Dauerbewohner

Im Falle von Wildbienen tauchen die Tiere in der Regel nur auf den Blüten auf. Sie sammeln dort Nektar oder Pollen und fliegen dann mit ihrer Ernte wieder weg. Manche schlafen auch in ihnen. Andere Organismen verbringen längere Lebensabschnitte an, auf oder in der Pflanze. Klassische Beispiele hierfür sind Schmetterlinge. Bei ihnen vertilgen die Raupen über Tage oder Wochen hinweg Teile der Pflanze. Die Imagines dagegen besuchen – sofern sie überhaupt noch Nahrung zu sich nehmen – Blüten. Auch die Afterraupen der Blattwespen fressen bis zur Verpuppung an der Pflanze. Besonders bei den Käfern und den Blattläusen gibt es unzählige, die eine Dauerkarte für «ihre» Pflanze haben: Sie verbringen ihr gesamtes Leben auf nur einer Pflanzenart und wechseln dabei manchmal nicht einmal das Individuum. Auch bei den Pilzen gibt es viele solche Spezialisten.

### Abhängige Partnerschaften

Eine abhängige Partnerschaft kann für beide Beteiligte Vorteile bringen – dann leben sie in Symbiose miteinander. Profitiert nur einer der beiden, so ist er aus Sicht des anderen ein Parasit oder Schmarotzer.
Viele Pflanzen haben im Laufe einer Koevolution so enge Bindungen zu bestimmten Partnern gebildet, dass sie nicht mehr ohne ihn leben können. Einige, wie die Orchideen, keimen und wachsen nur mit bestimmten Pilzen. Manchmal kann nur eine einzige Insektenart die Blüten erfolgreich bestäuben.

Die meisten Landschnecken fressen vermodertes Pflanzenmaterial, Pilze, aber auch Aas und sogar ihre eigenen Artgenossen. Nur wenige Arten ernähren sich von frischen, grünen Pflanzenteilen. Diese fallen uns besonders auf, da sie Invasionen in unsere Gärten starten und Beete kahl fressen können. Echte Spezialisten, die nur eine oder wenige Pflanzenarten verzehren, gibt es kaum. Allerdings zeigen manche Arten Vorlieben. Oben: Die Weinbergschnecke *(Helix pomatia)* bevorzugt bestimmte Pflanzen, zum Beispiel milchsaftführende Korbblütler wie Löwenzahn und Gartensalat. Hier sitzt sie am Gift-Lattich *(Lactuca virosa)*.
Unten: Die Genabelte Strauchschnecke *(Fruticicola fruticum)* frisst vorwiegend grüne Pflanzenteile.

Heideschnecken klettern auf Pflanzen, wenn es ihnen auf dem Boden zu heiß wird. Sie begeben sich zu einer oft längeren Trockenruhe im kühleren Luftraum.

Die Zweispitzwanze *(Picromerus bidens)* lebt räuberisch. Hier hat sie die Raupe einer Vielzahn-Johanniskrauteule *(Actinotia polyodon)* aufgespießt und saugt sie aus.

Viele Spinnen spannen ihre Netze zwischen verschiedenen Haltepunkten. Oft machen sie dabei ihre Fäden an Blumen fest. So profitieren sie von den Gästen und Besuchern, die die Pflanze gezielt anfliegen. Die schützenden Dächer der Blätter, Blüten und Blütenstände bieten ihnen gleichzeitig einen guten Lauerplatz. Auch ihre Eikokons platzieren sie häufig dort. Hier hat eine Listspinne *(Pisaura mirabilis)* ihr Netz zwischen Pflanzen gewoben und bewacht ihren frisch geschlüpften Nachwuchs.

Eine Zecke (Holzbock, *Ixodes ricinus*) wartet auf der Blüte der Akelei darauf, dass ein Säugetier vorbeistreift, von dem sie sich mitnehmen lassen und Blut saugen kann.

Die seltene Wanstschrecke *(Polysarcus denticauda)* ernährt sich ausschließlich vegetarisch von verschiedenen Pflanzen. Sie kann nicht fliegen und braucht strukturierte Wiesen.

Das Grüne Heupferd *(Tettigonia viridissima)* frisst vorwiegend Insekten, besonders gerne Fliegen und Raupen. Wenn es Pflanzen als Beikost verzehrt, bevorzugt es weiche, krautige Teile und nicht die haarigen Flugfrüchte der Kratzdistel, auf der es hier sitzt.

Ähnliche Spezialisierungen gelten – in noch extremerer Anzahl – für die Besucher. So haben sich die meisten der rund 35 000 weltweit beschriebenen Blattkäferarten auf eine oder wenige Pflanzenarten spezialisiert. Über 650 davon leben in Mitteleuropa. Die Rüsselkäfer gelten mit etwa 60 000 Arten als die artenreichste Familie im Tierreich. In Europa leben etwa 1500 von ihnen, sie nutzen fast alle Pflanzenarten. Viele bilden dabei eine enge Beziehung zu einer spezifischen Pflanze. Wer die Blume kennt, kann damit in vielen Fällen die auf ihr lebenden Käfer benennen oder zumindest deren Auswahl einengen. Einige Wildbienenarten sammeln das Futter für ihren Nachwuchs nur in ganz bestimmten Blüten. Verschwindet die passende Blume an einem Standort, bedeutet dies das Aus für Partner, die ausschließlich auf sie angewiesen sind. Auch zu kleine Bestände einer Pflanzenart oder eine Mahd zur falschen Zeit gefährden den Fortbestand der von ihr abhängigen Organismen.

### Allgemeine Tipps für Beobachtungen

Wenn Sie die Partner im Lebensraum Blume beobachten wollen, sollten Sie sich zuerst den größeren Lebensraum anzusehen, in dem die spezielle Pflanzenart steht. Viele Pflanzen kommen an sehr verschiedenen Standorten vor, ihre Partner haben jedoch speziellere

Ansprüche und tauchen nur auf, wenn alles passt: die Pflanze, andere Lebewesen an und auf ihr sowie die abiotischen Faktoren.

Einblicke in den Lebensraum Blume sind dann besonders schön, wenn sie das Zusammenleben nicht stören: Setzen Sie sich an einem sonnigen Tag auf der Wiese neben eine bestimmte Pflanze und beobachten Sie, wer alles darauf herumklettert, auf den Blüten landet oder dort nach Besuchern jagt.

Viele Raupen meiden Sonne und Hitze. Sie sitzen deshalb tagsüber eher an unteren Pflanzenteilen und lassen sich nur an trüben Tagen oder ab den Abendstunden blicken. Das Gleiche gilt für viele Käfer und besonders für deren Larven. Bei einem Rundgang an einem trüben Tag oder in der Dämmerung entdecken Sie deshalb ganz andere Tiere als am hellen Tag. Vergessen Sie dabei die Taschenlampe nicht!

Haben Sie einen Platz mit einer Pflanze und ihrem Partner ausfindig gemacht, können Sie diese dort oft zuverlässig jedes Jahr wieder bestaunen – besonders wenn es sich um abhängige Spezialisten handelt.

Eine Bindung fürs Leben: Die Nessel-Seide *(Cuscuta europaea)* hat kein Chlorophyll. Sie lebt als Parasit und zapft andere Pflanzen – hier eine Schafgarbe – an, um Nährstoffe zu gewinnen.

Wichtig: Bewegen Sie sich langsam, berühren Sie die Pflanze möglichst wenig und werfen Sie möglichst keinen Schatten auf ein Tier, das in der Sonne sitzt. Dies gilt nicht nur, wenn Sie Säugetiere oder Vögel sehen möchten, sondern auch für die kleinen Krabbler. So fühlen sich die Tiere ungestört und lassen sich beim Paaren, Fressen und ihren sonstigen Betätigungen auf und um die Pflanze beobachten. Wenn sie sich bedroht fühlen, weichen viele Wanzen auf die Blattunterseite oder die Rückseite des Stängels aus. Andere Wanzen, viele Käfer, aber auch Raupen lassen sich bei Gefahr fallen. Wer das Fluchtverhalten kennt, kann es natürlich auch ausnützen. Der auf der anderen Seite der Pflanze stehende Partner scheucht die Wanze wieder in Ihr Blickfeld. Ein erschreckter Käfer fällt in die daruntergehaltene Hand oder in das Sammelgläschen (und wird nach ausgiebigem Betrachten unversehrt freigelassen). Und wenn Sie eine Raupe oder ein anderes Insekt auf einer Pflanze vermuten, aber nicht finden, sollten Sie es einmal mit dem Schirmtrick versuchen: Halten Sie einen hellen Schirm umgekehrt unter die Pflanze und schütteln sie diese dann. Der Schirm bietet ein genügend großes Auffangbecken, in dem sich die Tiere nun gut betrachten lassen.
Beachten Sie, dass Sie mit diesen Methoden in den Lebensablauf der Tiere eingreifen. Deshalb sollten Sie sie wieder an den Fundort zurücksetzen, wenn Sie sie ausgiebig – auch mit der Lupe – betrachtet haben. Und denken Sie daran: Wenn Sie eine Pflanzengalle aufschneiden, bedeutet dies fast immer das Todesurteil für die darin lebenden Larven.

## Die Porträts

Die Grundlage für jedes Porträt im «Lebensraum Blume» bildet die jeweilige Pflanze. Sie steht deshalb in der Kopfzeile der Porträts. Diese Kopfzeile vermittelt außer den deutschen und wissenschaftlichen Art- und Gattungsnamen auch die Zugehörigkeit zur jeweiligen Pflanzenfamilie und, über die unterlegte Farbe, zur größeren Verwandtschaft. Diese Angaben sind für den Lebensraum Blume wichtig: Viele Partner sind nicht auf eine einzige Pflanzenart spezialisiert. Sie scheinen aber die Verwandtschaftsbeziehungen der Pflanzen untereinander zu kennen. So leben sie mit mehreren Arten einer Gattung zusammen, zum Beispiel auf verschiedenen Glockenblumen (Gattung *Campanula*). Andere halten sich an Pflanzen aus einer bestimmten Pflanzenfamilie (zum Beispiel Schmetterlingsblütler) oder aus einer Gruppe nah verwandter Pflanzenfamilien. Die Gründe dafür liegen sehr oft in der ähnlichen Chemie der verwandten Blumen.

Zuordnung der Blumenarten im Buch zu Gruppen von Pflanzenfamilien

| |
|---|
| Nympheales (Seerosenartige) |
| Ranunculales (Hahnenfußartige) |
| Eurosiden I (Rosenartige, Schmetterlingsblütenartige, Spindelbaumartige, Malpighienartige) |
| Eurosiden II (Malvenartige, Kreuzblütlerartige, Seifenbaumartige, Myrtenartige) |
| Caryophyllales (Nelkenartige) |
| Ericales (Heidekrautartige) |
| Euasteriden I (Enzianartige, Nachtschattenartige, Lippenblütlerartige) |
| Euasteriden II (Doldenblütlerartige, Kardenartige, Asternartige) |
| Monocotyledonen (Einkeimblättrige) |

Als nächstes Element unter der Kopfzeile folgen unter dem Stichwort «Die Pflanze» Angaben zu ihrem Standort und eine Beschreibung. Diese Informationen sollen helfen, die Art draußen zu finden. Sie sind jedoch absichtlich knapp gehalten, da diese Informationen in jedem guten Pflanzenführer zu finden sind. Bei vielen Porträts stehen einzelne dieser Aspekte auch in den Bildlegenden, bei anderen ergänzen bereits Aspekte von Partnerschaften, zum Beispiel zu Bestäubern, diesen Abschnitt.
Die folgenden Abschnitte drehen sich bei jedem Porträt um eine oder mehrere Beziehungskisten. Sie werden mit Text und Bild ausführlich vorgestellt.

Das Augensymbol in der Randspalte soll Ihnen einen Anhaltspunkt geben, wann Sie den Partner an der Pflanze beobachten können. Der angegebene Zeitraum kann jedoch je nach Jahr und Region schwanken.
Bei einigen Porträts finden Sie zusätzlich farbig unterlegte Kästen, die weitere Beobachtungstipps enthalten oder auch zusätzliche interessante Sachverhalte beschreiben. Zusätzliche Bilder und Bildlegenden beschreiben oft weitere Partnerschaften.

# Weiße Seerose

*Nymphaea alba*
Seerosengewächse
*(Nymphaeaceae)*

## Die Pflanze

Die Weiße Seerose benötigt stehende oder sehr langsam fließende Gewässer mit einer Tiefe von 1–3 m. Sie treibt aus einem dicken Rhizom vom Grund bis an die Wasseroberfläche reichende Blatt- und Blütenstängel. Diese sind von einem Durchlüftungsgewebe durchzogen, das für Auftrieb und Gasaustausch sorgt. Die bis zu 25 cm großen, ovalen bis rundlichen Blattspreiten schwimmen ebenso wie die Blüten auf dem Wasser. Die bis zu 12 cm breiten Blüten haben viele weiße, nach innen kleiner werdende Blütenblätter und gelbe Staubblätter. Beide gehen ineinander über und sind spiralig angeordnet – Zeichen für einen ursprünglichen Blütenbau und ein Hinweis auf das erdgeschichtliche Alter dieser Pflanzengruppe. Die aus dem dicken Fruchtknoten entstehende Frucht taucht unter, erst ihre Samen treiben wieder an der Wasseroberfläche und driften mit der Strömung davon.

Juni–August

## Vollpension

Die großen Schalenblüten der Seerosen locken neben Fliegen und Hummeln besonders auch **Käfer** an. Sie haben wie die Seerose eine lange Vergangenheit und gehören zu den ältesten Blütenbestäubern. Schon in der Kreidezeit haben sie Blüten besucht. Sie interessieren sich dabei in erster Linie für den eiweißreichen Pollen. Mit ihren derben, kauend-beißenden Mundwerkzeugen können sie sogar die robuste Wand der Pollenkörner zermahlen. Andere Insekten schaffen dies nicht. Sie können Pollen nur verwerten, wenn sie den Inhalt von Pollenkörnern mittels Enzymen verflüssigen, die durch Öffnungen in der Pollenwand ins Innere eindringen. Die Seerosenblüten bieten ihren Besuchern jedoch nicht nur Kost, sondern auch Logis: Abends und bei kühlem Wetter schließen sie sich als schützendes Zelt um die Besucher. Anstatt es ihrem Wirt zu danken, hinterlassen die Käfer oft ein Schlachtfeld aus kotbeschmutzten, zerfressenen Blütenteilen. Ein Glück für die Seerose, dass ihre Blüte robust genug gebaut ist, eine riesige Menge Pollen anbietet und die empfindlichen Samenanlagen in einem kräftigen Fruchtknoten eingeschlossen hat. So fressen die Käfer nicht alles auf, sondern übertragen auch an ihnen haftenden Pollen auf die Narben: Selbst aus scheinbar zerstörten Blüten wachsen Früchte heran.

Blätter und Blüten der Weißen Seerose
bilden Inseln im Wasser.

Mai-Juli

## Luft unter Wasser

Die ca. 1 cm großen **Seerosen-Schilfkäfer** *(Donacia crassipes)* gehören zu den häufigen Blütenbesuchern der Seerosen. Sie fressen an allen über das Wasser ragenden Teilen von See- und Teichrosen. Das Weibchen legt seine Eier jedoch auf der Blattunterseite ab. Hierzu schiebt es seinen Hinterleib durch ein selbst gefressenes Loch. Die weißen Larven fressen unter Wasser, oft im Schlamm verborgen, an den Stängeln und Wurzeln. Sie müssen jedoch Luft atmen. Hierzu bohren sie mit zwei Haken am Hinterleib das Luftkanalsystem der Pflanze an und leiten die Luft direkt zu ihren Atemöffnungen. Sie verpuppen sich in einem an der Pflanze befestigten, wasserdichten Kokon, in den sie ebenfalls Luft aus der Pflanze hineinleiten.

Mai-Oktober

## Natürliche Lochkarten

Bei den großen, glatten Schwimmblättern fällt jede Beschädigung sofort auf. Schon ab März tauchen **Spitzhornschnecken** *(Lymnaea stagnalis)* auf, fressen unregelmäßige Löcher oder skelettieren die Blätter. Sie legen ihre Eiballen auf der Unterseite der Schwimmblätter ab.

Ab Mai benagen die ersten **Seerosenblattkäfer** *(Galerucella nymphaeae)* das Grün. Sie haben den Winter am Ufer von Teichen und Seen in hohlen Sprossachsen von Schilf oder Doldenblütlern verbracht. Jedes Weibchen legt die erstaunliche Menge von bis zu 1100 Eiern in kleinen Gruppen auf die Oberseite der Blätter. Die jungen Larven

Seerosen-Schilfkäfer und Seerosenblattkäfer durchlöchern die Blätter oft wie ein Sieb.

schaben am Anfang das Gewebe der Blattoberseite ab, später fressen sie auch Löcher in die Blätter und verpuppen sich auf ihnen. Pro Jahr können sich 2–5 Generationen entwickeln. Neben Seerosen fressen sie auch Teichrosen, Pfeilkraut und andere Wasserpflanzen. Die Imagines der letzten Generation fliegen wieder ans Ufer zur Überwinterung.

## Wasserraupen

Mai–Oktober

Der **Seerosenzünsler** *(Elophila nymphaeata)* – ein weiterer Liebhaber von Seerosenblättern – bildet bei uns zwei Generationen aus. Ab Mai und von August bis Oktober treten Raupen auf, im Juni sowie August und September die Falter. Das Weibchen dieses Nachtschmetterlings legt seine Eier um den Blattrand herum auf die Unterseite. Die bis zu 25 mm lange Raupe verbringt einen großen Teil ihres Lebens unter Wasser und nagt von dort aus Löcher oder Buchten in die Schwimmblätter. Lange Zeit verbergen sie sich dabei in einem wassergefüllten Köcher, den sie aus Blattstückchen gefertigt haben. Zu einer späteren Phase nehmen sie wasserabweisende Stoffe von den Blattoberflächen auf. Ab nun sind sie von einem Luftpolster umgeben und leben zwischen zwei miteinander versponnenen Blattstückchen. Diese tragen sie beim Kriechen mit sich herum. Neben Seerosen befressen sie auch einige andere Wasserpflanzen wie Schwimmendes Laichkraut oder Wasserknöterich. Der Schmetterling trägt deshalb auch den weiteren deutschen Namen Laichkraut-Zünsler.

Die Larven des Seerosenblattkäfers fressen immer von der Oberseite der Blätter aus.

Der hübsch gemusterte Seerosenzünsler (oben), der Seerosen-Schilfkäfer (Mitte, Eigelege unten) und der Seerosenblattkäfer (unten links) legen ihre Eier auf für sie typische Weise an die Blätter.

Oben: Die Raupe des Seerosenzünslers passt ihren luftgefüllten Köcher an ihre Körpergröße an. Hierzu erneuert sie die von ihr ausgeschnittenen elliptischen Blattstückchen mehrmals während ihrer Entwicklung.

Unten: Die Gemeine Bernsteinschnecke *(Succinea putris)* ernährt sich von frischen Pflanzen (hier Brennnessel), verzehrt aber auch verrottende Pflanzenteile. Eher zufällig kann sie dabei wohl auch Eigelege des Seerosenblattkäfers zerstören, wenn sie an Seerosen frisst.

# Stinkende Nieswurz

*Helleborus foetidus*
Hahnenfußgewächse
*(Ranunculaceae)*

## Die Pflanze

Die frostharte, immergrüne Staude wächst auf kalkhaltigem, oft steinigem Boden in lichten Wäldern und an Waldsäumen des Hügel- und Berglandes. Ihre unteren Blätter sind fußförmig geteilt, nach oben zu werden sie zunehmend einfacher. In den Blüten umgeben fünf grüne, oft rot gerandete Kelchblätter 5–15 hornförmige Nektarblätter, viele Staubblätter und 2–8 Fruchtknoten. Nach der Blüte vergrößern sich die Kelchblätter. Sie betreiben Fotosynthese und versorgen die heranwachsenden Balgfrüchte mit Kohlenhydraten. Reif, öffnen sich die Bälge an der Bauchnaht und geben schwarze Samen frei. Diese tragen ein helles Anhängsel. Ameisen sammeln die Samen wegen dieses nährstoffreichen Fresskörperchens (Elaiosom) und verbreiten sie dabei.

Die Blütenknospen bilden sich schon im Herbst und öffnen sich ab dem späten Winter zu hängenden Bechern.

## Bio-Heizung

Februar–April

Steht Zuckerwasser oder süßer Saft eine Zeit lang offen, siedeln sich Bakterien und Hefen darin an und verändern seine Zusammensetzung. Traubensaft gärt zu Wein oder Essig, Apfelsaft zu saurem Most. Neuere Studien zeigen, dass auch der süße Nektar von Blüten große Kolonien von Mikroorganismen beherbergen kann. Gewöhnlich entwickeln sich dabei artenarme Lebensgemeinschaften. Als Forscher die Blüten der Stinkenden Nieswurz untersuchten, fanden sie heraus, dass die meisten von ihnen Hefen beherbergten, in der Regel die **Nektarhefe** *Metschnikowia reukaufii*. Die Anzahl dieser einzelligen Pilze im Nektar war oft sehr groß.

Doch was bewirken diese Untermieter? Vor wenigen Jahren berichteten die Wissenschaftler euphorisch von einem bei Pflanzen bisher unbekannten Hefe-Ofen. Pflanzen können Wärme demnach nicht nur mit ihrem eigenen Stoffwechsel (siehe Seite 272) oder einen Sonnenkollektor (siehe Seite 69, 100) erzeugen. Der Nektar der Stinkenden Nieswurz erwärmt sich um bis zu 6 °C über die Umgebung, wenn die Hefe den Zucker im süßen Nektar der Blüten vergärt. Auch die Temperatur im kugeligen Blüteninneren steigt an. Auf den ersten Blick profitiert die Nieswurz, die oft schon im Februar blüht, von der Hefe-Heizung: Bei tiefen Temperaturen sind nur wenige Bestäuber unterwegs. Besonders den schon früh im Jahr fliegenden **Erdhummeln** *(Bombus terrestris)* gefallen die temperierten Blüten, und sie kriechen weit hinein. Diese wichtigen Bestäuber der Nieswurz nehmen dabei in Kauf, dass hefereicher Nektar weniger Zucker enthält als solcher ohne Pilze. Man sollte nun meinen, dass der bessere Insektenbesuch der Pflanze nützt, indem mehr Pollen übertragen wird. Neuere Untersuchungen der Biologen zeigen jedoch, dass die Hefen der Fruchtbarkeit der Pflanze schaden: Sie bildet weniger Früchte und Samen, und die entwickelten Samen bleiben kleiner. Man kann gespannt sein, was weitere Forschungen an den Nektarhefen noch alles ergeben.

Die Nektarblätter sind kürzer als die Staubblätter und sitzen zwischen diesen und den Kelchblättern.

# Europäische Trollblume

*Trollius europaeus*
Hahnenfußgewächse
*(Ranunculaceae)*

## Die Pflanze

Die Trollblume besiedelt Feucht- und Nasswiesen. Sie benötigt feuchten, kühlen und sauren Boden. Die aufrechten Stängel bilden je nach Standort im Mai, Juni oder Juli an den Enden der wenigen Verzweigungen je eine Blüte. Deren 10–15 Perigonblätter bleiben während der gesamten Blütezeit von 5–9 Tagen zu einer Kugel zusammengeneigt. Nur an sonnigen Tagen um die Mittagszeit und beim Abblühen rücken sie etwas auseinander und geben eine kleine Öffnung frei. Im Innern der Kugel verbergen sich 5–10 spatelförmige Nektarblätter, sehr viele Staubblätter und ca. 30 Fruchtblätter. Diese reifen von Ende Juni bis Ende September zu kleinen Bälgen mit je mehreren schwarzen Samen heran, die der Wind ausstreut.

Mai-September

## Lebensraum Kuppelzelt

Die kugelige Blüte lockt mit ihrer Farbe und einem feinen Duft kleine **Blumenfliegen** der Gattung *Chiastocheta* als Bestäuber an. Diese zwängen sich zwischen den Blütenblättern hindurch ins Innere. Dort übertragen sie mitgebrachten Pollen auf die Narben, paaren sich im Schutz der Kuppel und laben sich an Nektar und Pollen. Doch damit nicht genug: Sie nutzen die Blüten auch zur Eiablage. Die Weibchen von sechs verschiedenen Blumenfliegenarten platzieren ihre Eier einzeln an den Fruchtblättern – jede Art an eine etwas andere Stelle und zu einem etwas anderen Zeitpunkt. Die schlüpfenden Larven nagen sich in die Fruchtblätter und fressen sich dort durch die Samen. Je nach Art verbleibt die Larve in einem der Fruchtblätter oder zerstört Samen mehrerer Fruchtblätter.

Die Pflanze startet mit einem hohen Einsatz in das Treffen: Um überhaupt bestäubt zu werden, sodass Samen heranwachsen können, opfert sie einen Teil ihrer Nachkommenschaft. Ein ähnlich riskantes Spiel gehen weltweit nur sehr wenige Blütenpflanzen ein, etwa Yuccas (*Yucca* spp.) mit den Yucca-Motten (*Tegiticula* spp., *Parategiticula* spp.) und Feigen (*Ficus* spp.) mit besonderen Gallwespen (Feigenwespen, *Agaoidae)*. Kein Wunder also, dass die geheimnisvollen Blütenkugeln der Trollblume Evolutionsbiologen faszinieren. Die Kuppeln sind das Ergebnis einer langen Koevolution der Blume mit ihren Bestäubern. Der Ausgangspunkt war vermutlich eine schüsselförmige Blüte ähnlich jener der verwandten Sumpfdotterblume. In der weiteren Evolution haben sich die Blütenblätter zu einer Kuppel zusammengeneigt. Damit bleiben andere Insekten weitgehend ausgeschlossen – die Beziehung zwischen Trollblume und Blumenfliegen wurde zu einer

Oben: An feuchten Standorten in den Alpen bilden Trollblumen mancherorts recht ausgedehnte Bestände.

Unten: Die Blumenfliegen sitzen oft lange auf den kugeligen Blüten, bevor sie in diese eindringen oder weiterfliegen.

Dieses Blumenfliegenweibchen hat bereits drei Eier an die oberen Enden der Fruchtblätter abgelegt. Der von den Fliegen mitgebrachte Pollen muss so viele Samenanlagen befruchten, dass sich mehr Samen entwickeln, als die Larven während ihrer Entwicklung fressen. Eine der sechs Blumenfliegenarten besucht die Blüten erst, wenn Blüten- und Staubblätter bereits abgefallen sind. Sie nützt dann der Pflanze nichts mehr, sondern ist ein Parasit.

gegenseitigen Abhängigkeit. Um den fressenden Larven genügend entgegenzuhalten, vermehrte sich die Anzahl der Fruchtblätter in einer Blüte. Fressen Larven in den Fruchtknoten, steigert die Trollblume außerdem die Produktion eines Toxins in den Fruchtwänden – je mehr Larven, desto mehr Adonivernith reichert sich an, welches die Larven schädigt.

Insgesamt bleibt diese Wechselbeziehung ein recht anfälliges System. Nehmen die Fliegen überhand, betreiben ihre Larven Raubbau an den Samen. Da sich die Trollblumen dann nicht mehr vermehren, entziehen die Fliegen ihren späteren Generationen die Lebensgrundlage – entwicklungsgeschichtlich ein Selbstmord. Für die Trollblume sieht es etwas günstiger aus: Sie könnte notfalls auch ohne Blumenfliegen auskommen, denn ab und zu übertragen auch andere Insekten ihren Pollen.

Wenn die Blütenblätter abgefallen sind, werden die hellen Fliegeneier an den Fruchtbälgen sichtbar.

# Busch-Windröschen

*Anemone nemorosa*
Hahnenfußgewächse
*(Ranunculaceae)*

## Die Pflanze

Feuchte, etwas nährstoffreiche Wälder leuchten im Frühjahr oft weiß von blühenden Busch-Windröschen. Im Gebirge siedelt die Pflanze auch auf feuchten Bergwiesen. Bis über 100 Stängel können zu einem einzigen Wurzelstock gehören. Jeder Stängel trägt einen Quirl aus drei Blättern. Bei blühenden Stängeln erhebt sich darüber eine bis zu 4 cm große Blüte mit weißen, außen oft rötlich überlaufenen Perigonblättern und vielen Staubblättern. Nachts und bei kühlem Wetter schließen sich die Blüten durch Wachstumsbewegungen, tags und bei Wärme öffnen sie sich wieder. Bei bestäubten Blüten entwickeln sich die zahlreichen Fruchtblätter bereits im Mai zu einem nickenden Köpfchen mit vielen kleinen Nüsschen. Die abgefallenen Früchtchen locken Ameisen an. Diese haben es auf die nahrhaften Fruchtstielchen abgesehen und verschleppen sie mitsamt den Nüsschen über den Waldboden. Sobald sich das Blätterdach des Waldes über den Pflanzen schließt und dadurch das Lichtangebot am Boden sinkt, bauen die Pflanzen ihr Blattgrün ab. Stängel und Blätter sterben ab und nur der Wurzelstock überdauert bis zum nächsten Frühling.

März-Mai

## Großes Angebot - kleine Nachfrage

Bei einem Spaziergang im lichten Frühlingswald mag es erstaunen, dass die vielen auffälligen Blütensterne bei Weitem nicht so viele Insekten anlocken wie etwa eine in der Nachbarschaft stehende Weide. Während diese in duftenden Blüten Nektar und Pollen anbietet, finden die Insekten in den duftlosen Blüten des Windröschens nur Pollen. So kurz nach dem Winter benötigen jene Bienen- und Hummelarten, die als ausgewachsene Tiere überwintern, jedoch zuerst zuckerhaltigen Nektar als raschen Energielieferanten. Erst wenn sie selbst satt sind, sammeln sie eiweißreichen Pollen, der in erster Linie ihre Brut ernährt. Am ehesten landen deshalb Schwebfliegen oder kleine Käfer auf den Blüten. Die wenigen Besucher fliegen immerhin meist mehrere Blüten hintereinander an, sodass diese bestäubt werden können. Wie Untersuchungen gezeigt haben, bilden Pflanzen ohne Blütenbesucher kaum Samen aus. Sie können sich zwar durch Verzweigung des Wurzelstocks sehr gut vegetativ vermehren, für eine genetische Vielfalt und die Ausbreitung über größere Strecken müssen sie aber zumindest hin und wieder Samen produzieren.

Feuchte Wälder sind im Frühjahr oft von einem ausgedehnten Teppich aus blühenden Busch-Windröschen bedeckt.

März–Mai

## Parasitischer Pilz

Der **Anemonenbecherling** *(Dumontinia tuberosa)* ist vollständig von Windröschen abhängig. Der parasitische Schlauchpilz (*Ascomycota*) befällt besonders Pflanzen, die an gestörten Standorten wie Wegrändern, Bahndämmen oder an zeitweise mit Wasser gefüllten Gräben wachsen. Auch Pflanzen, die in waldnahe Wiesen eingedrungen sind, können betroffen sein. Der Schmarotzer sitzt direkt auf den Wurzeln und dem Wurzelstock seines Wirts und entzieht diesem alle von ihm benötigten Nährstoffe. An der Kontaktstelle bildet er ein knolliges, bis zu 2 cm dickes Gebilde. Mit diesem harten, außen schwarzen, innen hellen Sklerotium überdauert er im Boden. Im Frühjahr, meist etwa zur Blütezeit der Pflanze bildet er Fruchtkörper, die auf der Innenwand mikroskopisch kleine Sporenschläuche tragen. Der Wind verbläst die daraus entlassenen Sporen, die mit etwas

Oben: Diese Honigbiene *(Apis mellifera)* sammelt den Pollen für die Larven in ihren Höschen.

Unten: Die kleinen Glanzkäfer *(Nitidulidae)* treten oft in Gruppen in Blüten auf und fressen vom Pollen.

Glück in der Nähe eines anderen Busch-Windröschens auskeimen und dieses befallen. Hat der Pilz Fuß gefasst, so kann er von einem Jahr zum anderen einen Wurzelstock so stark auszehren, dass dieser kaum mehr einen blühenden Spross treibt. Er vernichtet aber seinen Wirt in der Regel nicht ganz – sonst würde er sich selbst die Lebensgrundlage entziehen. Da Busch-Windröschen außerdem meist große Bestände bilden, beeinträchtigt er ihr Gesamtvorkommen nicht nennenswert. Außer auf dem Busch-Windröschen lebt der Becherling selten auch auf dem Gelben Windröschen *(Anemone ranunculoides)*.

Links: Die schüsselförmigen, meist 1–2 cm breiten Fruchtkörper der Anemonenbecherlinge haben die Farbe von altem Buchenlaub und fallen so kaum auf.

Rechts: Aus dem Sklerotium wachsen ein oder mehrere bis zu 10 cm lange, zähe Stiele an die Erdoberfläche und bilden Fruchtkörper.

# Gewöhnliche Akelei

*Aquilegia vulgaris*
Hahnenfußgewächse
*(Ranunculaceae)*

## Die Pflanze

Die kalkliebende Staude wächst in lichten Wäldern und Gebüschen sowie an Wiesensäumen. Sie treibt jedes Jahr lang gestielte Grundblätter und bis zu 60 cm hohe, blühende Stängel. Die doppelt dreizähligen Blätter setzen sich aus bläulich grünen, rundlichen, gekerbten Blättchen zusammen. Die nickenden Blüten öffnen sich zwischen Mai und Juli. Der Nektar liegt tief verborgen in ihrem gekrümmten Sporn und ist nur langrüsseligen Insekten, z.B. verschiedenen Hummeln zugängig. In jungen Blüten bepudern sie beim Eintauchen in die Füllhörner ihren Hinterkörper mit Pollen. In älteren laden sie ihn auf den später reifenden Narben ab. Kurzrüsselige Hummeln beißen oft einfach die Spornenden von außen an und begehen Nektarraub. Nach der Blüte richtet sich der Blütenstiel auf, sodass die Balgfrüchte nach oben stehen. Reif, platzen sie auf und schleudern dabei gleich die obersten Samen weg. Der Wind oder Tiere verstreuen die anderen nach und nach.

Juni–September

## Minenarbeiter

Die Akelei ist bei **Minierfliegen** beliebt – vier Arten dieser meist 1–3 mm kleinen Fliegen leben auf ihr. Von dieser Fliegengruppe kommen über 500 Arten bei uns vor. Sie lassen sich am leichtesten nach den Futterpflanzen und Fraßbildern ihrer kopf- und fußlosen Larven unterscheiden. Auf der Akelei fressen sie je nach Art Minengänge in die Blätter *(Phytomyza rufipes, Phytomyza minuscula),* die Stängel *(Ophiomyia aquilegiana)* oder die Früchte *(Phytomyza krygeri).* Dank dieser Spezialisierung kommen sich die einzelnen Arten kaum ins Gehege und leben oft gemeinsam auf einer Pflanze. *Phytomyza krygeri* ist auf die Akelei angewiesen, die drei anderen sind auch auf der nah verwandten Wiesenraute (*Thalictrum* spp.) zu finden.

Weibliche Minierfliegen punktieren das Pflanzengewebe mit dem Legebohrer an ihrem Hinterende. An diesem sitzen zahlreiche Raspelzähne. Sie lecken den austretenden Saft als Nahrung auf oder legen ihre Eier in die Mulden. An den vom Weibchen gebohrten Wunden im Pflanzengewebe (Bohrgrübchen) lecken sich auch die Männchen satt. Die Fliegen selbst fallen meist kaum auf, die Spuren der Larven dagegen verraten ihre Anwesenheit. Sie fressen wie Grubenarbeiter Tunnel in das Pflanzengewebe. Besonders bei den Minierfliegen, deren Larven in den Blättern leben, lassen sich die Fraßspuren gut verfolgen: Da meist nur noch die äußeren Gewebeschichten des Blatts wie Pergament über der Mine liegen, wirken die Gänge hell – oft mehr oder weniger gesprenkelt vom dunklen

Kot der Larven. Zum Fressen liegt die Larve auf der Seite. Während sie sich mit dem Vorderende und dem kräftigen Mundhaken rhythmisch wie ein Sensenschwinger in Bögen bewegt, schabt sie das grüne Pflanzengewebe ab. Anschließend nimmt sie den Pflanzenbrei mit der Mundöffnung auf. Schon innerhalb weniger Tage ist ihre Entwicklung abgeschlossen, worauf sie sich verpuppt – je nach Art in oder auf der Pflanze oder im Boden.

Das Leben in der Mine schützt die Larven nicht vor parasitoiden Schlupfwespen. In den Gängen herrscht jedoch ein für sie günstiges Klima: Sie selbst trocknen nicht aus und der abgeschabte Pflanzenbrei bleibt lange weich. Da die Larven grünes Blattgewebe zerstören, schränken sie die Fotosynthese der Pflanze ein. Aber nur wenn sehr viele Larven auf einer Akelei leben, beeinträchtigt dies deren Entwicklung.

Die Blüten haben fünf abstehende Blütenblätter und fünf langglockige Nektarblätter. An dem Laubblatt frisst eine sehr junge Afterraupe der Akeleiblattwespe *(Pristiphora rufipes)*. An den Spornen der Nektarblätter sind Bissstellen von Hummeln zu sehen (Nektarraub).

Die ca. 3 mm große Larve der Minierfliege *Phytomyza minuscula* frisst geschlängelte Gänge in die Blätter. Ihr Inneres ist fast vollständig vom Nahrungsbrei ausgefüllt. Ausgewachsen, schlitzt sie mit ihrem Mundhaken die untere Blatthaut auf, schlüpft hinaus und verpuppt sich auf der Blattunterseite zu einer gelborangen, stecknadelkopfgroßen Puppe.

Links: Die Larve der Minierfliege *Phytomyza aquilegiae* bildet eine flächige Platzmine.

Rechts: Die Larven der Minierfliege *Phytomyza krygeri* fressen in den Früchten und verpuppen sich auch dort.
Unten: Die Minierfliege *Phytomyza krygeri* lässt sich zur Eiablage auf den Blüten nieder.

# Klatsch-Mohn

*Papaver rhoeas*
Mohngewächse
*(Papavcraceae)*

## Die Pflanze

Klatsch-Mohn gedeiht als einjährige Pflanze in Äckern, an Böschungen, Wegrändern und auf Ödflächen. Je nach Nährstoffangebot und Platz bildet sie nur einen Blütenstängel oder zahlreiche Stängel mit je einer Blüte. Anfangs nicken die Blütenknospen. Erst am Tag, bevor sie sich öffnen, richten sie sich auf. In den frühen Morgenstunden fällt dann der Kelch ab. Er gibt vier Kronblätter frei, die bis zu diesem Zeitpunkt zerknittert eingeschlossen waren und sich nun innerhalb kurzer Zeit entfalten. Sie fallen nach spätestens 2–3 Tagen ab. Die Kapselfrucht erinnert an ein afrikanisches Rundhaus. Sie öffnet sich mit Poren unter dem überstehenden Dach und streut die Samen im Wind oder durch vorbeistreifende Tiere wie ein Salzstreuer aus.

Mai-August

## Reich gedeckter Blütentisch

Mohnblüten sehen nicht nur schön aus, sie bieten auch vielen Insekten Nahrung. Eine einzige Blüte des Klatsch-Mohns produziert in ihren 164 Staubblättern über 2,5 Millionen Pollenkörner, die einen hohen Nährwert haben. Selbst wenn alle etwa 5000 Samenanlagen im Fruchtknoten befruchtet werden, bleibt noch viel Blütenstaub für pollensammelnde Bienen und andere Insekten übrig. Kein Wunder, dass besonders **Hummeln** oft schon auf den Knospen warten, die sich an diesem Tag öffnen werden. Sie können es kaum erwarten, in die volle Vorratskammer einzutauchen und sich durch die Staubblätter zu wühlen. In den Blüten zittern sie mit den Flügelmuskeln, sodass ihr Körper vibriert, um mehr Pollen herauszurütteln. Dieses «Buzzing» hört sich wie aggressives Summen an. Die Tiere sind jedoch viel zu beschäftigt, um Feinde anzugreifen. Die Pollensäcke geben gegen 10 Uhr morgens am meisten Pollen ab. An warmen Tagen herrscht dann ein richtiges Gedränge unter den nahrungssuchenden Gästen.

Juni-August

## Blütenschmuck für den Nachwuchs

Einen besonderen Spezialisten der Mohnblüten werden Sie kaum je zu Gesicht bekommen: Die **Mohnbiene** *(Osmia papaveris)* ist leider ebenso selten wie faszinierend. Sie kommt nur noch an ganz wenigen sandigen Stellen wie Sandgruben oder Böschungen vor. Nach der Paarung gräbt das Weibchen der einzeln lebenden Biene dort Hohlräume für seine einzelligen Brutkammern. Nun fliegt es Mohnblüten an und schneidet Stücke aus den roten Kronblättern, die dann wie angebissen aussehen. Mit den zarten Blütenstückchen tapeziert es die Brutkammern aus. Fehlt Mohn, pflückt es seine Tapeten auch

Dieser üppige Bestand zeigt alle Stadien von der Blütenknospe bis zur Kapsel.

Oben: Die Mohnbiene zerknüllt das Blütenstück zu einem kompakten Klümpchen, damit es sich gut transportieren lässt.

Unten links: Diese Wildbienenart gehört zu den Bauchsammlern. Sie transportiert den Pollen in einer Bauchbürste zu der noch offenen Brutkammer.

Unten rechts: Diese freigelegte Brutkammer ist fertig: Das Weibchen hat ein Ei auf den Nahrungsvorrat gelegt und die Tapetenzipfel wie eine Tüte zusammengeschlagen.

von Kornblumen oder Malven. Pollen und Nektar als Proviant für den Nachwuchs sammelt die Biene von vielen verschiedenen Pflanzen. Die Männchen gehören zu den Bienen, die gerne in Glockenblumenblüten übernachten.

### Verliese in den Kapseln

Juli–Oktober

Manche Mohnkapseln wirken mehr oder weniger unförmig oder sind kugeliger oder größer als die anderen derselben Pflanze. Beim Drücken fühlen sie sich fester an. Es handelt sich um Gallen von Mohngallwespen. Während die ziemlich häufige **Kleine Mohngallwespe** *(Aylax minor)* die Kapseln nur wenig deformiert, schwellen sie durch die seltenere **Mohnkapselgallwespe** *(Aylax papaveris)* bis zur mehrfachen Größe an. Die Larven der Gallwespen entwickeln sich in schwammig verholzenden Kammern im Kapselinnern. Erst im Frühjahr des darauf folgenden Jahres verlässt die neue Gallwespengeneration die alten Kapseln.

Bei der Kleinen Mohngallwespe entwickeln sich meist mehrere Larven in einer Mohnkapsel. Die Löcher an der rechten Kapsel stammen von parasitoiden Erzwespen.

# Hohler Lerchensporn

*Corydalis cava*
Mohngewächse
*(Papaveraceae)*

## Die Pflanze

Die ausdauernde Pflanze bildet oft große Trupps in lichten Buchenwäldern, Hartholzauen, Gebüschen und Hecken. Sie treibt im zeitigen Frühjahr aus einer unterirdischen Knolle Blätter und beblätterte Blütenstängel. Die weißen oder trüb-rotvioletten, lang gespornten Blüten stehen traubig beieinander. Sie öffnen sich etwa zur selben Zeit wie Sal-Weiden und Anemonen. Die grünen Fruchtschoten öffnen sich mit zwei Klappen.

März-April

## Blütenräuber

Während der etwa drei Wochen dauernden Blütezeit taucht häufig die **Dunkle Erdhummel** *(Bombus terrestris)* in den Beständen des Lerchensporns auf. Sie kann ihren Rüssel aber nur 8–9 mm lang ausstrecken. Dies ist zu wenig, um an den Staubblättern vorbei an den süßen Nektar im Blütensporn zu gelangen. Sie beißt deshalb mit ihren bezahnten Mundwerkzeugen die zarten Sporne einfach auf und bricht so in die Blüte ein. Nach dem Nektarraub hinterlässt sie offene Fenster, durch die nun auch kurzrüsselige Bienen, kleine Käfer und Schwebfliegen direkt an die süße Quelle gelangen. Die Pflanze hat nichts von diesen Räubern. Sie ist auf Insekten als Bestäuber angewiesen, die die Blüte auf dem normalen Weg durch die Blütenöffnung krabbelnd besuchen. Hierzu zählen langrüsselige Hummeln und Pelzbienen sowie solche Insekten, die den Pollen sammeln wie die **Gehörnte Mauerbiene** *(Osmia cornuta)*.

Mai-Juni

## Dienstleister und ihr Lohn

In Mitteleuropa gibt es über 150 verschiedene Pflanzenarten, die ihre Samen durch **Ameisen** verschleppen lassen. In der Krautschicht unserer Wälder nutzen sogar rund 40 % der Pflanzen diesen Transportdienst. Er sorgt dafür, dass die Samen wenigstens einige Meter von der Mutterpflanze wegkommen und an einen nährstoffreichen Standort in der Nähe des Ameisennests gelangen. Die Ameisen schnappen die Samen auch Samenfressern wie Mäusen oder Vögeln vor der Nase weg.

Die Samen des Lerchensporns ziehen Ameisen fast magisch an. Sie haben es auf das nährstoffreiche, helle Samenanhängsel abgesehen, das sie als Belohnung für ihren Kuriereinsatz erhalten. Die Tiere packen den Samen an diesem Elaiosom und tragen ihn in ihr Nest. Bei den relativ großen Samen des Lerchensporns schaffen dies nur größere Ameisen. Kleinere Arten lassen die Samen oft links liegen oder unterwegs fallen – sie können die Beute wohl einfach nicht richtig mit ihren Mundwerkzeugen packen.

Im Ameisenbau wird das Elaiosom gefressen – aber von wem? Innerhalb des Ameisenstaates sind die Arbeiten aufgeteilt und die Nahrung an die Aufgaben angepasst. Forscher fanden heraus, dass die Ameisen die Elaiosomen des Lerchensporns vor allem als Babynahrung an die Larven verfüttern. Diese profitieren von dem zucker-, fett- und eiweißreichen Happen. Er versorgt sie nicht nur mit Energie, sondern auch mit ausreichend Stickstoff. Die Menge dieses Nährelements bestimmt bei Insekten maßgeblich, wie rasch sie wachsen und sich entwickeln können.

## Andrang wie beim Schlussverkauf

Wie attraktiv die Samen mit den Elaiosomen für die Ameisen sind, können Sie leicht selbst testen: Pflücken Sie eine fast reife Schote, öffnen Sie diese und legen Sie sie auf oder in die Nähe eines Ameisennests. Es dauert nicht lange, bis Arbeiterinnen kommen, sich auf die Samen stürzen und diese ins Nest tragen.

Ist das Elaiosom gefressen, können die Ameisen mit dem Samen nichts mehr anfangen. Seine widerstandsfähige Samenschale schützt ihn davor, auch gefressen zu werden – er ist also Abfall. Für solchen Müll haben Ameisen spezielle Abfallkammern, oder sie werfen ihn einfach aus dem Nest. Allerdings können Ameisen den glatten Samen ohne das Elaiosom als Tragegriff kaum noch packen. So bleiben viele der Samen in ihrem Bau liegen und keimen dort aus.

Doch warum beißen Ameisen das Elaiosom nicht einfach am Fundort ab und lassen den für sie überflüssigen Samen dort liegen? Sicher nicht aus «Nächstenliebe», um dem Lerchensporn einen Gefallen zu tun. Was die Tiere aber tatsächlich dazu bringt, auch den Ballast mitzuschleppen, konnten Wissenschaftler noch nicht eindeutig klären.

Ältere Knollen des Lerchensporns sind innen hohl. In dieser über faustgroßen Knolle haben sich Ameisen angesiedelt.

Rechte Seite: In manchen Beständen des Lerchensporns beißt die Dunkle Erdhummel fast alle Kronröhren auf. Selbst wenn der Nektar in nach unten geneigten Blüten nach vorne geflossen ist, bricht sie lieber hinten ein.

# Große Brennnessel

*Urtica dioica*
Brennnesselgewächse
*(Urticaceae)*

## Die Pflanze

Besonders an stickstoffhaltigen Standorten bedeckt die Brennnessel große Flächen mit ihrem satten Grün. Aus einem weit verzweigten Wurzelstock treibt sie unverzweigte, aufrechte Stängel mit gegenständig stehenden, herzförmigen Blättern. Sie tragen gewöhnliche Haare und Brennhaare. Es gibt männliche und weibliche Pflanzen. Die Blütenstände mit den winzigen Blüten entwickeln sich von Juni bis Oktober in den Achseln der oberen Blätter. Die Staubblätter in den männlichen Blüten schnellen beim Öffnen hoch und schleudern den Pollen wie in kleinen Explosionen ab. Die Narbenpinsel der weiblichen Blüten fangen ihn auf. Auch die kleinen Nussfrüchte werden weggeschleudert.

## Brennende Liebe

Der Brennnessel ergeht es ähnlich wie den Disteln: Sie fährt eine wehrhafte Verteidigungsanlage gegen Weidetiere auf und bietet gleichzeitig ein Eldorado für verschiedene Insekten. Im Gegensatz zu den Disteln hält sie Säugetiere nicht mit mechanischen Waffen, sondern mit brennenden Säften ab. Diese injiziert sie ihnen mit spritzenartigen Nadeln in die Haut. Nach einem zaghaften Griff in die Nesseln brechen die Spitzen der Brennhaare ab und die scharfkantigen Nadelspitzen ritzen die Haut. Der Zellinhalt mit Histamin und Acetylcholin und weiteren Inhaltsstoffen fließt in die winzigen Wunden und löst das bekannte Brennen und Jucken aus. Wer fester zufasst, biegt die Nadeln um und bleibt so weitgehend unbehelligt.

Die über 200 Insektenarten, die sich von Brennnesseln ernähren, haben in vielerlei Hinsicht eine gute Wahl getroffen: Sie entgehen dem zufälligen Gefressenwerden durch Weidetiere und haben für ihre Ernährung eine weit verbreitete und häufige Fraßpflanze gewählt. So haben sie die Chance, ähnlich weit wie die Brennnessel herumzukommen. Die Pflanze bietet ihnen darüber hinaus besonders in frischen Austrieben mehr Stickstoff als die meisten anderen Kräuter. Dieses für den Aufbau von Eiweißen notwendige Nährelement begrenzt ihr Wachstum deshalb weniger stark, als dies für Blattfresser allgemein üblich ist. Beobachtungen zeigen, dass die relativ großen Brennhaare die Insekten nicht stören: Sie fressen auf unterschiedlich dicht behaarten Blattstückchen gleich gut. Käfer, Heuschrecken und Wanzen sind durch ihren Chitinpanzer vor den Nadeln geschützt. Wanzen und andere Saftsauger stechen ihre Saugrüssel daneben in das Gewebe. Raupen trennen die Brennhaare ab oder fressen sie einfach mit und scheiden sie wieder aus.

Links: Diese männliche Brennnessel dient einer Gruppe von Raupen des Tagpfauenauges als Futterpflanze.

Rechts: Junge Raupen des Kleinen Fuchses bilden Spinnfäden und überziehen in großen Verbänden die Futterpflanze mit einem Gespinst, in dem sie geschützt leben.

## Vorlieben verschiedener Schmetterlingsraupen auf der Brennnessel

Juni–September

**Admiral**
*(Vanessa atalanta)*

Wälder und Gärten, halbschattig,

Eier einzeln

Raupen nagen Blattstiel oder Stängelspitze an, leben in welkenden Blatttüten

Juli–September

**Silbergraue Nessel-Höckereule**
*(Abrostola tripartita)*

Waldwege, Wälder, Auen, Ufer, feucht, schattig, kühl

Eier einzeln

Raupen frei an oberen Blättern

Juni–September

**Landkärtchen**
*(Araschnia levana)*

Waldsäume, feucht, kühl, beschattet

Eitürmchen auf Blattunterseite

Raupen auf der Blattunterseite, am Anfang gesellig, später verteilt

Juni, Aug–Sept

**Nesselzünsler**
*(Pleuroptya ruralis)*

Heckenränder und Wälder

Eier einzeln auf Blattunterseite

Raupen in zusammengerollten Blättern

**Kleiner Fuchs**
*(Aglais urticae)*

Säume, Unkrautbestände, lufttrocken, sonnig

Gelege mit 50–200 Eiern auf Blattunterseiten, gerne an frisch austreibenden Pflanzen

Junge Raupen gesellig, am Anfang in Gespinsten, Erwachsene in Gruppen oder einzeln auf Blattoberseite

April–August

**Tagpfauenauge**
*(Inachis io)*

Waldränder, Ufer, Straßengräben, sonnig, luftfeucht, windgeschützt

Gelege mit 50–200 Eiern im Bereich der Triebspitze

Junge Raupen gesellig in Gespinsten, Erwachsene einzeln

Mai–August

**C-Falter**
*(Polygonia c-album)*

Wälder, Gebüsche, feucht, sonnig

Eier einzeln besonders an äußeren Blattzipfeln

Raupen einzeln, tagsüber auf Blattunterseite

Mai–September

Bei uns gibt es über 35 Schmetterlingsraupen, die das nahrhafte Grün fressen. Einige davon ernähren sich ausschließlich von Brennnesseln. Dazu kommen Käfer, Wanzen, Minierfliegen, Gallmücken und viele andere. Würden alle diese Insekten auf derselben Pflanze leben, könnten nur die stärksten dem riesigen Konkurrenzdruck standhalten – kleinere und schwächere hätten keine Chance. Doch Brennnesseln bieten den Insekten viele Lebensräume. Zum einen haben sich die meisten Besiedler ähnlich wie bei den Disteln auf bestimmte Pflanzenteile spezialisiert, zum anderen nutzen sie diese nur, wenn der Standort der Pflanze ihren Vorlieben entspricht. Besonders gut untersucht ist dies für die auf Brennnesseln lebenden Schmetterlinge.

Oben links: Der Admiral verpuppt sich in einer Blatttüte (hier geöffnet).

Unten links: Die Puppe des Landkärtchens hängt frei an der Pflanze.

Rechts: Ihr Schleim schützt Schnecken wie die Zottige Haarschnecke *(Trochulus villosus)* vor den Brennhaaren. Die Gerandete Jagdspinne *(Dolomedes fimbriatus)* hat hierzu einen Chitinpanzer.

*Filipendula ulmaria*
Rosengewächse
*(Rosaceae)*

# Echtes Mädesüß, Moor-Geißbart

## Die Pflanze

Die Staude bildet auf nassen Wiesen und an Ufern oft große Bestände (Mädesüßfluren). Bei ihren gefiederten Blättern sitzen zwischen den großen Fiederblättern noch sehr kleine Blättchen. Die großen Blütenstände entfalten sich von Juni bis August am Ende der bis zu 1,5 m hohen Stängel. Ihre aufrechten Seitenzweige überragen die Hauptachse und sorgen für einen typischen Eindruck. Die intensiv süßlich duftenden Blüten, die sich gruppenweise öffnen, locken als Bestäuber Bienen, Schwebfliegen und Käfer an. Die kleinen, gewundenen Früchte werden von Wind oder Wasser verbreitet.

## Löcher für den Nachwuchs

März-August

Die Blätter schmecken zahlreichen Insekten. Neben Käfern fressen unter anderen Raupen von über 15 verschiedenen Schmetterlingsarten von ihnen. Der **Mädesüß-Perlmutterfalter** *(Brenthis ino)* scheint nicht nur von der Futterpflanze, sondern zusätzlich von Blattkäfern abhängig zu sein. Biologen haben beobachtet, dass sich der weibliche Falter zur Eiablage auf die Blattoberseite setzt, die Eier aber einzeln auf die Unterseite der Blätter heftet. Erstaunlicherweise tut er dies nicht, indem er den Hinterleib um den Blattrand krümmt. Vielmehr streckt er ihn ausschließlich durch Fraßlöcher von **Blattkäfern** – fehlen solche Löcher, legt er auch kein Ei ab. Die Jungraupen kommen den Blattkäfern nicht ins Gehege. Sie schlüpfen erst ab März des folgenden Jahres, wenn das Mädesüß mit zarten Blättern neu austreibt. Die Raupen fressen meist nachts auf der Blattunterseite. Den Tag verbringen sie oft in der warmen Streuschicht unter der Pflanze. Spätestens Ende Mai haben sich alle Raupen an den Stängeln des Mädesüß verpuppt. Die Falter schlüpfen ab Mitte Juni und fliegen bis Mitte August. Sie tanken Nektar besonders an violetten Blüten wie Witwenblumen, Flockenblumen und Disteln.

## Mehlbestäubt

Juni-September

Von Rosen und anderen Zierpflanzen kennen Sie sicher das Phänomen: Nach einer Periode mit feuchtwarmem Wetter überzieht plötzlich ein weißer, abwischbarer Flaum die Blätter – Schlauchpilze *(Ascomycota)* aus der Gruppe der Echten Mehltaupilze *(Erysiphales)* breiten sich hier aus. Diese Pilze wachsen ausschließlich auf lebenden Pflanzen und haben sich dabei je auf einen oder wenige Wirte spezialisiert. Der Deformierende Mädesüßmehltau *(Podosphaera filipendulae)* gedeiht nur auf diesem. Im Gegensatz zu den meisten seiner Verwandten breitet er sein weißes Hyphengeflecht nicht nur auf den

Blättern, sondern auch auf Stängeln und Blütenknospen aus. Von dem oberflächlichen Myzel durchdringen Haustorien die Zellwände der äußersten Pflanzenzellen und versorgen den Pilz von dort mit allen benötigten Nährstoffen. Den Sommer über vermehrt sich der Parasit ungeschlechtlich über mikroskopisch kleine Sporen, die Wind und Wasser auf andere Mädesüßpflanzen übertragen. Im Herbst entstehen auf dem Myzel an den Stängeln winzige, aber mit bloßem Auge erkennbare, zunächst gelbe, später schwärzliche, kugelige Fruchtkörper. Diese überdauern den Winter. Wie die meisten parasitischen Pilze bringen auch die Echten Mehltaupilze ihre Wirte nicht um – sonst würden sie sich selbst die Lebensgrundlage entziehen.

## Gegenspieler

Marienkäfer fressen Blattläuse – so die landläufige Meinung. Für viele Arten trifft dies auch zu. Doch wenn auf einem Mädesüß ein gelber Marienkäfer mit schwarzen Punkten oder seine gelb-schwarze Larve auftaucht, so sucht dieser dort nicht nach Läusen sondern nach dem Echten Mehltau. Der Zweiundzwanzigpunkt-Marienkäfer *(Psyllobora vigintiduopunctata)* frisst ausschließlich dessen Myzel – dies brachte ihm auch den Namen Pilz-Marienkäfer ein. Es ist ihm dabei ziemlich egal, auf welcher Wirtspflanze sich ein Echter Mehltau breitgemacht hat – vielleicht taucht dieser schöne Käfer auch auf den Rosen bei Ihnen im Garten auf!

Oben: Oft schließt sich eine Mädesüßflur direkt an den Schilfgürtel eines Sees an.

Unten: Der weibliche Mädesüß-Perlmutterfalter betastet mit dem Hinterleib die Blattoberseite und sucht ein Loch – wie es hier der Mädesüß-Blattkäfer *(Neogalerucella tenella)* gefressen hat.

Links: Oft fallen Heerscharen von Rapsglanzkäfern (*Brassicogethes aeneus*, siehe Seite 268) oder anderen Glanzkäferarten (*Meligethes* spp.) über die Blüten her und fressen den Pollen.

Rechts: Bei stark vom Deformierenden Mädesüßmehltau befallenen Pflanzen verkrüppeln die Stängel und Knospen. Befallene Blätter können absterben.

*Sanguisorba officinalis*
Rosengewächse
*(Rosaceae)*

# Großer Wiesenknopf

## Die Pflanze

Auf feuchten bis nassen Wiesen, an Grabenrändern und Ufern bildet der Große Wiesenknopf meist lockere Bestände. Im Tiefland ist er selten oder fehlt auch ganz, sonst ist er häufiger. In den Alpen kann er auf Nassstellen in Matten bis in Höhen von etwa 2000 m ü. M. gedeihen. Die Grundrosette der Staude besteht aus unpaarig gefiederten Blättern mit 7–17 Blättchen. Die Stängelblätter weisen weniger Fiedern auf. Die Stängel verzweigen sich erst nach oben, wobei jede Verzweigung in einem kugeligen bis eiförmigen, 1–3 cm langen Blütenköpfchen endet. In diesen sitzen dicht gepackt kleine, meist zwittrige Blüten mit vier braunroten Kelchzipfeln und ohne Blütenkrone. Die kleinen, vom bleibenden Blütenbecher umhüllten Nussfrüchte reifen ab September und bleiben oft über den Winter an den abgestorbenen Stängeln. Manchmal werden sie von Wild beim Äsen gefressen und unverdaut ausgeschieden, häufiger fallen sie jedoch einfach ab und gelangen im Wasser schwimmend an neue Standorte.

## Beziehungskisten

Juli–August

An Standorten der Pflanze, an denen es gleichzeitig Kolonien der Roten Gartenameise *(Myrmica rubra)* gibt, fliegt zur Blütezeit des Wiesenknopfes der **Dunkle Moorbläuling** *(Maculinea nausithous)*. Der auch Wiesenknopf-Ameisen-Bläuling genannte Falter tankt Nektar an den Blüten, balzt und paart sich auf ihnen und schläft auch dort. Seine Raupen benötigen für ihre Entwicklung zwei Partner – Wiesenknopf und Ameise. Eigentlich gehören Schmetterlingsraupen zwar zur typischen Beute von Ameisen. Doch dieser Bläuling führt die fleißigen Krabbler an der Nase herum. Nach der dritten Häutung ähneln die Räupchen nicht nur äußerlich den Larven der Ameisen, sie duften auch wie diese und geben ähnliche Geräusche wie Ameisen von sich. Besondere Drüsen scheiden außerdem einen zuckerhaltigen Saft als Leckerei für die Ameisen ab. Die Rote Gartenameise fällt auf diese Imitation herein, adoptiert die Raupe und trägt sie in die unterirdischen Brutkammern des Nests. Dort stellt sie ihre vegetarische Kost auf tierische Kost um und vertilgt als Parasit im Ameisennest während der folgenden 10 Monate bis zu 600 Ameisenlarven. Als einzigen Dank dafür können die von dem Duft besänftigten Ameisen weiterhin Zuckersaft aus den Drüsen der Raupen lecken. Der nach der Puppenruhe geschlüpfte Falter kann die Ameisen nicht mehr täuschen. Damit er nicht selbst zur Beute wird, muss er den Ameisenbau so rasch als möglich verlassen. Sein einziger Schutz bei diesem Spießrutenlauf sind wollige Schuppen, die

seinen Körper vollständig bedecken: Packen die Ameisen zu, bleiben nur diese zwischen ihren Kiefern zurück.

Die Spezialisierung des Falters führt dazu, dass er vielerorts gefährdet ist. Nicht überall, wo der Große Wiesenknopf wächst, leben auch die notwendigen Ameisen. Ihre Kolonien können sich auf regelmäßig überschwemmten oder sehr feuchten Standorten nicht entwickeln. Geeignete Standorte werden immer seltener: Sümpfe werden entwässert oder überbaut, Feuchtwiesen und Grabenränder im Juli oder August, also zur Zeit der Eiablage und Entwicklung der Jungraupen, gemäht. Bodenverdichtungen durch schwere Fahrzeuge oder andere mechanische Eingriffe schädigen die Nester der Wirtsameisen.

Die aufrechten, relativ dünnen Stängel der Pflanze überragen oft die umgebende Wiesenvegetation.

Wenn der Dunkle Moorbläuling sitzt, hält er seine Flügel meistens geschlossen. Nur am frühen Morgen klappt er sie auf, um sich in der Morgensonne aufzuwärmen.

## Lebenszyklus des Dunklen Moorbläulings

Nach der Paarung legt das Weibchen seine Eier einzeln an kurz vor der Entfaltung stehenden Blütenknospen ab. Die Raupen sind nach drei Häutungen ca. 3 mm lang und durch ihre Blütennahrung ähnlich rot gefärbt wie die Blüten. Sie kriechen aus Letzteren heraus und den Stängel hinunter, seilen sich an einem Faden ab oder lassen sich zu Boden fallen. Die Rote Gartenameise trägt die Raupe in ihr Nest, wo sie weiter heranwächst. Im Juni des nächsten Jahres verpuppt sie sich, nach etwa 25 Tagen schlüpft der Falter und verlässt den Ameisenbau.

*Dryas octopetala*
Rosengewächse
*(Rosaceae)*

# Weiße Silberwurz

## Die Pflanze

Der niederliegende Zwergstrauch wächst auf alpinen Matten und Schuttfluren oberhalb der Waldgrenze sowie in der arktischen Tundra. Seine holzigen Äste können große Flächen polsterartig bedecken. Die Blätter erinnern in der Form etwas an kleine Eichenblätter. Oberseits glänzen sie, unterseits tragen sie einen weißen Haarfilz. Die 2–4 cm großen Blüten mit den acht Kronblättern öffnen sich zwischen Juni und August. Die Griffel auf den Fruchtknoten wachsen während der Fruchtreife in die Länge. Bei Trockenheit spreizen sie Haare ab. So kann der Wind die Früchtchen leicht wegblasen.

## Ernährungshilfe

Januar-Dezember

Die Silberwurz gehört zur überschaubaren Anzahl von weltweit 24 Pflanzengattungen, die eine spezielle Symbiose mit stickstoffbindenden **Bakterien** der Art *Frankia alni* eingehen. Viele dieser Pflanzen leben als Pionierpflanzen oder besiedeln wie die Silberwurz extreme Standorte. Die Bakterien sind in besonderen Wurzelknöllchen eingeschlossen. Ähnlich wie die Knöllchenbakterien der Schmetterlingsblütler (siehe Seite 89), bilden sie das Enzym Nitrogenase, das Stickstoff aus der Luft in eine für die Pflanze als Nährstoff verwertbare Form überführt. Das Bakterium profitiert im Gegenzug von den Fotosyntheseprodukten der Pflanze.
Zusätzlich geht die Silberwurz auch noch eine Symbiose mit verschiedenen Pilzen, zum Beispiel solchen aus der Gruppe der **Schleierlinge** (*Cortinarius* spp.) ein. Bei diesen bilden die Hyphen der Pilze einen dichten Mantel um die Wurzelenden der Pflanzen («Ektomykorrhiza»). Anstelle von Pflanzenwurzelhaaren wachsen ihre Pilzfäden in den Boden, nehmen dort Wasser und Nährstoffe auf und übergeben diese der Pflanze. Wie die Bakterien der Wurzelknöllchen erhält auch der Pilz im Gegenzug von der Pflanze Kohlenhydrate.

## Parabolspiegel mit Heizeffekt

Juni-August

An sonnigen Tagen verhalten sich die offenen Blütenschüsseln ähnlich wie Radioteleskope: Ihre Ausrichtung folgt über mehrere Stunden dem Lauf der Sonne. So fangen sie möglichst viele Sonnenstrahlen auf. Die schüsselförmig angeordneten Blütenblätter reflektieren die Strahlen und bündeln sie wie ein Parabolspiegel zum Zentrum hin. Biologen konnten zeigen, dass sich hierdurch die Schüsseln merklich erwärmen, im Bereich der Fruchtknoten mindestens 2 °C über die Umgebungstemperatur. Dies mag auf den ersten Blick nur eine geringfügige Erwärmung sein. An den Standorten der Silberwurz ist jedoch die Vegetationszeit durch lange Winter stark verkürzt, und die Sommer sind viel kälter als im mitteleuropäischen Flachland. So wird jedes Temperaturgrad wichtig. Pollen kann in den aufgewärmten Fruchtknoten die Samenanlagen rascher befruchten, und die Samen reifen schneller heran.

Verschiedene **Insekten** suchen schon ab den Morgenstunden die Blüten auf, um sich zu sonnen. Auch sie erwärmen sich hierdurch deutlich. Die Pflanze lädt aber nicht selbstlos zum Sonnenbaden ein: Die Besucher bestäuben die Blüten. Die Blüten locken die Insekten zwar auch noch mit Nektar und einem Überfluss an eiweißreichem Pollen, doch für Nahrung interessieren sich die Tiere erst, wenn sie auf Betriebstemperatur sind. Die zusätzliche Wärme bringt den Stoffwechsel der Insekten in Schwung, sie werden beweglicher und können sich für ihre Flüge vorwärmen. Bei den Weibchen reifen außerdem die Eier rascher.

## Sonnenanbeter Sonnenblume?

Bekannter als die Blütenbewegungen der Silberwurz sind jene der **Sonnenblume** *(Helianthus annuus)*. Noch geschlossene Blütenkörbchen folgen der Sonnenbahn von Ost nach West und drehen sich bis zum nächsten Morgen nach Osten zurück. Geöffnete Körbchen und die Fruchtstände bewegen sich nicht mehr. Die Sonnenblume stammt aus warmen Gebieten. Sie hat es deshalb nicht nötig, Blüten oder Bestäuber aufzuheizen. Viel eher muss sie vermeiden, dass Blüten oder Samen in der sengenden Sonne zu heiß werden. Sobald sich der Stängel versteift, endet die Bewegung deshalb meist mit Blick nach Osten.

Oben: In der Sonne weisen die Blüten der Silberwurz um die Mittagszeit alle nach Süden.

Unten links: Je stabiler gebaut und je dunkler und haariger das Insekt ist, desto mehr profitiert es von den Sonnenöfen.

Unten rechts: Bei der Symbiose zwischen Pflanze und *Frankia*-Bakterien entsteht eine typisch korallenartig verzweigte Aktinorrhiza an der Wurzel. Hier ist sie etwa 1 cm groß.

# Gänse-Fingerkraut

*Potentilla anserina*
Rosengewächse
*(Rosaceae)*

## Die Pflanze

Die trittfeste Kriechpflanze kommt sehr gut mit salzreichen Böden zurecht. So gedeiht sie häufig an Stränden und auf Salzwiesen und folgt den Rändern salzgestreuter Straßen. Im Binnenland wächst sie auf Gänse-, Schaf- und Pferdeweiden sowie Flut- und Trittrasen bis hinauf zur Waldgrenze in den Alpen. Dieses Fingerkraut besitzt im Gegensatz zu den meisten anderen Vertretern der Gattung keine fingerförmig geteilten Blätter, sondern gefiederte. Bei Trockenheit krümmen sich die Blättchen so ein, dass die weiß behaarte Unterseite die Wärme reflektiert. Die einzeln stehenden Blüten öffnen sich von Mai bis September nur bei Sonnenschein. Nach dem Abblühen bildet jede von ihnen zahlreiche einsamige Nüsschen, die leicht von selbst abfallen. Außer über Samen verbreitet sich die Pflanze vegetativ mit langen Ausläufern.

Auf manchen Gänseweiden gedeiht fast keine andere Pflanze als das Gänse-Fingerkraut.

## Ganz Gans

April-Oktober

Wenn schon die Art sicher nicht für den Gattungsnamen «Fingerkraut» Pate stand, so verdient sie wenigstens ihren Artnamen «anserina», was auf Lateinisch «Gans» bedeutet. Früher war Gänsehaltung noch weit verbreitet, sodass die häufige Gesellschaft der Pflanze mit den Vögeln auffiel. Der sehr nitratreiche Gänsekot macht der Pflanze nichts aus – im Gegenteil, er düngt sie auch in Konzentrationen, die andere Gewächse längst töten. Den **Gänsen** schmecken zumindest die jungen Sprosse des Fingerkrauts. Während sie die Triebe abweiden und zwischen den Pflanzen nach weiterer Nahrung suchen, verbreiten sie auf ihrer Weide die kleinen Früchtchen. Diese bleiben besonders bei nassem Wetter oder schlammigen Untergrund gut an ihren Zehen hängen. So hilft die Gans dem Fingerkraut und das Fingerkraut der Gans. Eine zwingende Abhängigkeit voneinander besteht jedoch nicht, wie die weite Verbreitung der Pflanze auch außerhalb der Gänseweiden zeigt.

## Leuchtende Augen

Mai-September

Wer sich für UV-Fotografie interessiert, kommt bei den Blüten des Gänse-Fingerkrauts ins Schwärmen: Sie gehören zu den Blüten, die in diesem für uns unsichtbaren Strahlungsbereich besonders auffallen: Die äußeren Bereiche der Kronblätter reflektieren das UV-Licht stark, ihre inneren Bereiche sowie die Staubblätter absorbieren es. Da grüne Blätter, Erde und selbst Sand im UV-Bereich nur wenig reflektieren, leuchten die Blüten im UV-Bereich wie für uns die Augen einer Katze im Dunkeln. Insekten, die Licht in diesem Wellenbereich wahrnehmen, können sie nicht übersehen. Pollenfressenden Insekten wie Käfern ist es zudem angeboren, dass sie Blütenstaub an seiner gelben und gleichzeitig UV-Licht absorbierenden Farbe erkennen. Ist dieser Bereich einer Blüte wie beim Fingerkraut vergrößert, verspricht er ihnen eine besonders große Nahrungsmenge. Das Fingerkraut übertreibt zwar, bietet seinen Besuchern als Dank für die Bestäubung aber doch reichlich Pollen und etwas Nektar. Ursprünglich hatten die Pollen die für die gelbe Färbung verantwortlichen Flavonoide jedoch gar nicht gebildet, um Insekten aufzufallen. Die Farbpigmente sollten vielmehr wie eine gute Sonnencreme das empfindliche männliche Erbgut gegen die aggressiven UV-Strahlen abschirmen. Dies erklärt, warum auch windbestäubte Pflanzen gelben Pollen bilden.

Wir Menschen sehen hier nur einfarbig gelbe Blüten und grüne Blätter (oben). Für ein Insekt, das im UV-Bereich sieht, wirken die Blüten dagegen sehr kontrastreich und heben sich gut von der Umgebung ab (unten).

*Vicia sepium*
Schmetterlingsblütler
*(Fabaceae)*

# Zaun-Wicke

## Die Pflanze

Die Staude bildet auf Wiesen, an Zäunen, Böschungen und Gebüschrändern dünne Stängel mit paarig gefiederten Blättern. Sie hält sich mit Blattranken an Nachbarpflanzen fest. Die trübvioletten Schmetterlingsblüten öffnen sich zwischen April und August in kurzen Trauben in den Blattachseln. Die 2–3 cm langen Hülsenfrüchte färben sich bei der Reife schwarz. Sie heizen sich in der Sonne auf und platzen dann ruckartig, wobei sie ihre 3–6 Samen wegschleudern.

## Ran an die Näpfe

April–August

Die Zaun-Wicke und einige andere Wicken wie die Acker-Wicke *(Vicia sativa)* und die Schmalblättrige Wicke *(Vicia angustifolia)* haben auf der Unterseite ihrer Nebenblätter kleine Gruben, die sie mit Nektar füllen. Normalerweise bieten Pflanzen diese Leckerei in Blüten an, um Insekten als Bestäuber dorthin zu locken. Einige Pflanzen bilden den süßen Trank aber auch außerhalb der Blüten in extrafloralen Nektarien (vergleiche Seite 214). **Ameisen** lernen rasch, dass es sich lohnt, diese Tankstellen regelmäßig zu besuchen. Dabei übernehmen die emsig herumkletternden Tiere die Funktion von Wachhunden: Lässt sich ein anderes Insekt auf der Zaun-Wicke nieder oder krabbelt eine Raupe darauf, vertreiben sie diese oder schleppen sie als Beute weg. Experimente mit einem anderen Schmetterlingsblütler, der südamerikanischen Lima-Bohne *(Phaseolus lunatus)* haben gezeigt, dass die Pflanze ihre Nektarproduktion an den Tagesrhythmus der Ameisen anpasst: Langwelliges rotes Licht stimuliert den Nektarfluss, Dunkelheit bremst ihn.
Auf manchen Zaun-Wicken scheinen die Wächter nachlässig zu sein: Auf ihnen saugen **Blattläuse** von dem Pflanzensaft. Sie zapfen dazu die Phloembahnen an, die reichlich Zucker enthalten. Um auch genügend andere Nährstoffe zu erhalten, nehmen die Läuse große Mengen des Pflanzensafts auf. Den Überfluss an Wasser und Zucker scheiden sie wieder aus. Verlauste Zaun-Wicken können demnach zum süßen Schlaraffenland für Ameisen werden: Sie leeren dort nicht nur die Näpfe an den Nebenblättern sondern ernten auch den Honigtau der Läuse. Dies trifft jedoch nur zu, wenn die **Schwarze Bohnenlaus** *(Aphis fabae)* die Wicken besiedelt. Diese Blattlaus sondert den Honigtau in Tröpfchen ab, wenn Ameisen ihren Hinterleib mit den Fühlern betrillern. Ihre Kolonien entwickeln sich mit Ameisenbesuch rascher als ohne, da die Ameisen sie wie Haustiere hegen. Die an der Zaun-Wicke viel häufigere **Wickenblattlaus** *(Megoura viciae)* dagegen schleudert ihren Honigtau weg und bildet keine freundschaftlichen Beziehungen mit

Ameisen. Folglich sollten Ameisen sie als Eindringlinge empfinden und die Pflanze davon befreien. Ein Wissenschaftler testete dies in einem Experiment: Hatten die von ihm kultivierten Zaun-Wicken Ameisen zu Gast, vergrößerte sich die Startpopulation von 20 Wickenblattläusen innerhalb von vier Wochen kaum, ohne Ameisen explodierten die Lausgemeinschaften hingegen auf 140 Tiere. Die Ameisen waren also aktiv, ließen aber eine kleine Kolonie bestehen. Dies deckt sich mit anderen Beobachtungen: Auch bei Weidenröschen nutzen Ameisen große Lauskolonien als Eiweißquelle und lassen kleine unbehelligt. Vielleicht sehen sie die kleinen Herden als nachwachsende Futterquelle.

Bleibt die Frage, ob sich für die Pflanze die Fütterung der Wachhunde wirklich lohnt. Läuse saugen nicht nur Pflanzensaft. Sie übertragen auch Pflanzenviren und schaffen Wunden, durch die Pilze eindringen können. Jede Laus weniger senkt damit das Krankheitsrisiko für die Wicke. Auf bewachten Pflanzen sitzen aber auch weniger andere Pflanzensauger und Pflanzenfresser (Thripse, Zikaden, Rüsselkäfer, Schmetterlingsraupen). Allerdings stört der Verlust eines Blattes oder von etwas Pflanzensaft nicht so sehr, wie wenn sich die Pflanze nicht mehr vermehren kann. Dies ist der wunde Punkt bei der Gemeinschaft der Wicke mit den Ameisen: Die Wächter vertreiben nur außen sitzende

Kräftige Hummeln wie die um 2 cm große Steinhummel *(Bombus lapidarius)* drücken die Kronen auseinander und bestäuben die Blüten. Kleinere Hummeln beißen die Blüten von hinten an und begehen Nektarraub.

Insekten. Die Hülsen sind jedoch ähnlich wie die der Platterbsen (siehe Seite 82) die Kinderstuben von Samenkäfern (Gattung *Bruchus*), Kleinschmetterlingen *(Cydia nigricana)* und anderen. Diese fressen für Ameisen unerreichbar im Verborgenen.

Oben: An ameisenfreien Stängeln bildet die Wickenblattlaus große Kolonien. Die grünen Tiere mit den langen Fühlern leben auch auf anderen Wickenarten und auf Platterbsen.

Unten: In der Nähe von Ameisenbauten patrouillieren besonders viele Tiere auf den Wickenpflanzen.

Noch bedient sich die Ameise am Nektarium. Kurz darauf hat sie den Irisrüssler inspiziert, der auf der Blüte jedoch nur ausruhte.

*Lathyrus pratensis*
Schmetterlingsblütler
*(Fabaceae)*

# Wiesen-Platterbse

## Die Pflanze

Die kletternde Staude wächst auf nährstoffreichen, meist etwas feuchten Wiesen und an Wegrändern. Die Blätter an den ungeflügelten Stängeln tragen ein Fiederpaar und eine verzweigte Ranke. Mit dieser kann sich die Pflanze an anderen festhalten. Die gelben Schmetterlingsblüten stehen in lang gestielten Trauben und öffnen sich von Ende Mai bis Juli. Die abgeflachten Fruchthülsen platzen reif ruckartig auf und schleudern je bis zu zwölf kugelige Samen weg.

## Mastkur

Die großen Samen der Platterbsen enthalten ähnlich wie die Samen anderer Schmetterlingsblütler geballte Nährstoffe. Der Keimling, der darauf wartet, ans Licht zu kommen,

Die Schmetterlingsblüten verbergen Nektar. Nur kräftige, große Bienen, besonders Hummeln, können in sie eindringen, indem sie den unteren Blütenteil, das Schiffchen, herunterklappen.

trägt mit seinen beiden Keimblättern zwei dicke Proviantsäcke. Diese sind dicht gepackt mit Eiweiß, Kohlenhydraten und etwas Fett. Damit kann er die erste Zeit überleben, bis er Chlorophyll gebildet hat und Fotosynthese betreiben kann. Auch andere schätzen diese Nährstoffpakete. Um gleich gut zu wachsen, müssen Insektenlarven viel weniger davon fressen, als wenn sie energiearme, hauptsächlich aus Zellulose bestehende Blätter nagen. Wenn sie in der Hülse leben, sind sie gleichzeitig auch noch vor einigen ihrer Feinde geschützt.

## Giftkugeln

Platterbsen wehren sich ähnlich wie Bohnen und viele andere Schmetterlingsblütler gegen die unliebsamen Gäste, indem sie zusätzlich zu den Nährstoffen auch noch Gift-

Die bis zu 10 mm großen Räupchen des Erbsenwicklers nagen die Samen von außen an. Sie verraten sich außerdem in den geöffneten Hülsen durch Kotklümpchen und ein feines Gespinst.

stoffe in die Samen packen. Während zum Beispiel grüne Bohnen Lektine enthalten, die durch Kochen zerstört werden, bilden Platterbsen besondere, hitzestabile Aminosäuren. Diese bauen sie nicht wie gewöhnliche Aminosäuren in Eiweiße ein. Sie wirken ausschließlich als Gift: Säugetiere, die zu viel davon fressen, erkranken an Lathyrismus. Je nach Ausprägung deformiert sich dabei ihr Skelett, oder es kommt zu Nervenstörungen und Lähmungen.

## Kraftkugeln

Mai–August

Pech für den, der das Gift nicht verträgt. Glück aber für den Angepassten – er hat weniger Nahrungskonkurrenten. So können zum Beispiel **Samenkäfer** der Gattung *Bruchus* die Aminosäuren entgiften (siehe Seite 82). Auch der **Erbsenwickler** *(Cydia nigricana)* kommt damit zurecht. Dieser Kleinschmetterling legt zwischen Mai bis August seine rund 200 Eier an Triebspitzen und Blütenkelche von Erbsen *(Pisum sativum)*, Platterbsen und Wicken. Die Larven schlüpfen nach etwa einer Woche und fressen sich durch die Wand junger Hülsen. Im Gegensatz zu den Samenkäfern halten sie sich außerhalb der Samen auf. Sie nagen an ihnen und zerstören dabei meistens 3–4 Körner. Nach etwa 20 Tagen sind sie ausgewachsen. Sie bohren sich ins Freie, seilen sich auf die Erde ab und graben sich in den Boden ein. Oder sie warten, bis sich die Hülsen von selbst öffnen. Sie überwintern in einem Kokon im Boden und verpuppen sich im Frühjahr.

Der etwa 8 mm lange Falter saugt abends und nachts Nektar besonders aus Erbsen-, Platterbsen- und Wickenblüten. Typisch sind die schwarzen und weißen Streifen an seinen Vorderflügeln.

# Breitblättrige Platterbse
# Wilde Platterbse

*Lathyrus latifolius*

*Lathyrus sylvestris*
Schmetterlingsblütler
*(Fabaceae)*

## Die Pflanzen

Im Gegensatz zur Wiesen-Platterbse (siehe Seite 79) haben diese beide Arten geflügelte Stängel und rosa bis purpurrote Blüten. Bei der aus Kultur verwilderten, teils eingebürgerten Breitblättrigen Platterbse sind auch die Blattstiele sehr breit geflügelt und die Fiederblättchen breit-lanzettlich. Sie hat bis zu 3 cm lange, kräftig gefärbte Blüten. Die Wilde Platterbse wächst an sonnigen Wald- und Wegrändern und Flussufern. Bei ihr sind die Flügel der Blattstiele und die Blättchen schmaler. Ihre Blüten schimmern grünlich und sind nur 1,5 cm lang.

Hummeln, Honig- und Holzbienen sind kräftig genug, die Blüten der beiden Arten auf der Suche nach Nektar zu öffnen und dabei Pollen zu übertragen. Trotzdem entwickeln sich meist nicht viele der flachen Früchte, die bis zu 18 Samen enthalten.

## Prinzen in der Platterbse

Juni–September

Von mehreren **Samenkäfern** der Gattung *Bruchus*, die auf Platterbsen leben, ist der **Dunkle Samenkäfer** *(Bruchus affinis)* besonders gut untersucht. Seine Weibchen kleben ihre Eier Ende Juni bis weit in den August hinein auf junge, grüne Hülsen. Die jungen Larven nagen sich durch die Hülsenwand und bohren sich direkt in einen der wachsenden Samen hinein. Haben sich mehrere Larven den gleichen Samen ausgesucht, entwickelt sich nur eine weiter, die anderen sterben ab. Der Samen dient der Larve als Futterquelle und Herberge. Gut synchronisiert, verpuppt sie sich dann, wenn der Same reift. Ab Ende August schlüpfen die Käfer der nächsten Generation, meist kurz bevor sich die Hülsen öffnen. Sie überwintern zwischen Reisig oder unter der Rinde von Bäumen.

Wissenschaftler stellten sich die Frage, woher die Käfer im nächsten Jahr wissen, wann es Zeit ist, sich zu paaren. Schließlich benötigen die Weibchen für die Eiablage wieder Platterbsenhülsen im richtigen Entwicklungsstadium. Sie fanden heraus, dass die Platterbsen selbst für das Timing verantwortlich sind: Es ist der Pollen, den die Käfer in den «richtigen» Blüten fressen, der ihre Fortpflanzung ankurbelt. Wenn die Käfer im späten Frühjahr noch vor Blühbeginn der Breitblättrigen Platterbse und der Wilden Platterbse erscheinen, fressen sie zunächst in den gelben Blüten der Wiesen-Platterbse *(Lathyrus pratensis)*. Aber erst wenn die Käfer im Juni und Juli in die Knospen und Blüten der beiden violett blühenden Arten wechseln können, reifen die Eierstöcke der Weibchen heran und machen eine Paarung möglich.

Samenkäfer an den Blüten der Breitblättrigen Platterbse

## Fluch oder Segen?

Die Weibchen der Samenkäfer müssen oft viele Blütenstände absuchen, um junge Hülsen für ihre Eier zu finden. Doch sie tragen selbst zu ihrem Erfolg bei: Auch zum Schlafen und zum Fressen des Pollens tummeln sich die Käfer in den Blütenständen. Pollen, der dabei an ihrem Körper und ihren Mundwerkzeugen klebt, kann so auf die Narben gelangen, die Blüten bestäuben und die Anzahl Früchte vermehren. Bleibt die Frage, ob dies auch der Pflanze nützt: Können die Samen gesund heranreifen oder beherbergen sie alle den Nachwuchs des Käfers? Beobachtungen deuten darauf hin, dass sich vermehrter Fruchtansatz und Samenbefall in etwa die Waage halten. Die Platterbse ist als mehrjährige Pflanze nicht darauf angewiesen, jährlich große Samenmengen zu produzieren. Die Käfer, von denen jeder nur ein Jahr lebt, müssen jedoch jedes Jahr geeignete Plätze für ihren Nachwuchs finden.

Links: Die Löcher in den Samen der Breitblättrigen Platterbse zeigen die Stellen, durch die sich die jungen Käferlarven hineinbohrten.

Rechts: Der ausgewachsene Käfer verlässt den Samen – hier der Wilden Platterbse – durch ein neues, größeres Loch in der Samenwand.

**Tintenfleck-Weißlinge** saugen gerne Nektar an Schmetterlingsblütlern, hier an der Wilden Platterbse. Als Bestäuber spielen sie aber keine Rolle, da kaum Pollen an ihnen hängen bleibt. Meistens halten die Tiere beim Sitzen ihre Flügel geschlossen und verbergen so den typischen dunklen Fleck auf der Oberseite der Vorderflügel. Bis vor wenigen Jahren ließen sich Zoologen von diesen Weißlingen etwas vorgaukeln: Sie hielten sie alle für eine Art. Heute wissen sie, dass es sich um drei Arten handelt *(Leptidea sinapis, Leptidea juvernica, Leptidea reali)*. Diese sehen sich so ähnlich, dass sogar die Männchen der Schmetterlinge ab und zu mit einem falschen Partner balzen. Die Weibchen paaren sich jedoch nur mit dem richtigen. Ihre Eier legen sie ausschließlich an bestimmte Schmetterlingsblütler wie Wiesen-Platterbse und Hornklee (*Lotus* spp.).

# Dornige Hauhechel

*Ononis spinosa*
Schmetterlingsblütler
*(Fabaceae)*

## Die Pflanze

Werden sonnige Halbtrockenrasen beweidet, so bleibt die Hauhechel oft als einzige Pflanze unbefressen stehen. Die aufsteigenden, unten verholzten Äste tragen spitze Sprossdornen, die größere Tiere erfolgreich von der Pflanze abhalten. Zwischen den Dornen stehen dreizählige oder einfache gesägte Blätter und rosafarbene 1–2 cm lange Schmetterlingsblüten, die sich zwischen Juni und September öffnen und besonders Bienen als Bestäuber anlocken. Nach der Blüte entwickeln sich behaarte Hülsenfrüchte. Sobald sie austrocknen, platzen sie auf und streuen die wenigen Samen aus.

Juli–Oktober

## Behaarter Minibrokkoli

Oft trägt die Hauhechel anstelle von Knospen oder Blüten skurril verbogene, etwas behaarte Gallen. Suchen Sie bei einer solchen Galle nach dem Verursacher, werden Sie enttäuscht sein: Das Gebilde scheint auf den ersten Blick leer. Doch hier haben sich die Kolonien der mit bloßem Auge kaum erkennbaren, blassen **Hauhechel-Gallmilben** *(Aceria ononidis)* eingenistet.

Angefangen hat alles ganz harmlos: Die Milbe hat mit ihren stilettartigen Saugorganen eine Pflanzenzelle angestochen und ein Speichelsekret mit Enzymen injiziert. Dieses löst den Inhalt dieser Zelle auf und regt Nachbarzellen zu Wucherungen an. In deren geschützten Windungen kann die Milbe nun weiter an den Pflanzensäften saugen und sich ungestört vermehren – eine Galle kann bald viele Hundert bis Tausend Milben beherbergen.

Die Hauhechel-Gallmilbe bildet ihre Gallen ausschließlich auf Hauhechel. Doch noch viele andere Pflanzen tragen Milbengallen. Zoologen kennen in Mitteleuropa etwa 400, meist hoch spezialisierte Gallmilbenarten, vermuten aber, dass die tatsächliche Zahl noch viel höher ist. Ähnliche Gallen bildet zum Beispiel die Gilbweiderich-Gallmilbe *(Aceria laticincta)* an Gilbweiderich. Blattgallen entwickelt die Salbei-Gallmilbe *(Aceria salviae)* an Wiesen-Salbei (siehe Seite 192). Die größten Feinde der Gallmilben sind ihre eigenen Verwandten: Raubmilben saugen die Winzlinge aus. Sie sind meist größer als die Gallmilben, kugelig oder oval und besitzen – wie für Spinnentiere typisch – ausgewachsen vier Beinpaare.

Rechte Seite oben: Die Blüten sitzen meist einzeln in den oberen Blattachseln.

Unten: Die Raupen der **Goldbraunen Hauhecheleule** oder Umbra-Sonneneule *(Pyrrhia umbra)* variieren in ihrer Grundfarbe von Grüngelb bis Dunkelbraun. Sie fressen recht häufig zwischen Juli und August im Blütenbereich der Hauhechel, aber auch auf anderen, nicht verwandten Pflanzen wie Braunwurz, Wachtelweizen und Wiesen-Storchschnabel.

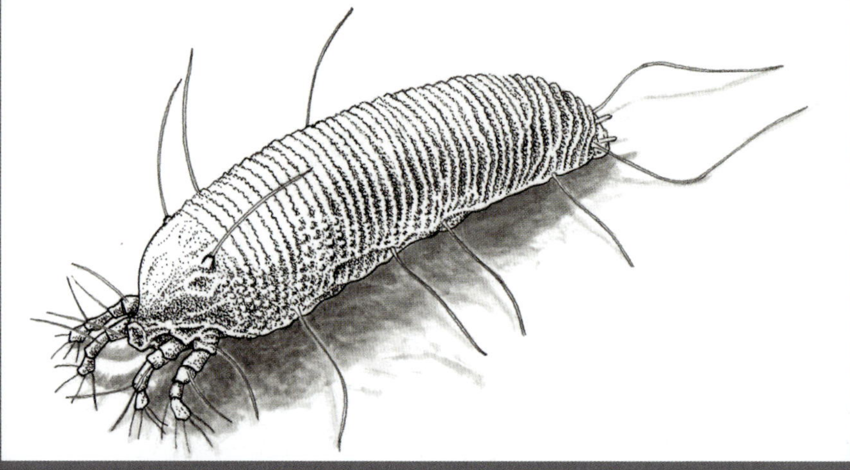

## Winzige Walzen

Gallmilben sind weniger als einen halben Millimeter lang, walzenförmig und stark geringelt. Sie haben nur zwei Beinpaare. Mit diesen können sie zwar von Blatt zu Blatt krabbeln, aber nicht neue Pflanzen erobern. Ähnlich wie viele staubfeine Pflanzensamen nützen sie den Wind, um größere Strecken zurückzulegen. Den Winter verbringen sie geschützt zwischen Knospenschuppen oder in Blattachseln ihrer Wirtspflanze. Während der Vegetationszeit legt das Weibchen Eier, aus denen Larven schlüpfen. Diese sehen den erwachsenen Tieren ähnlich, sind aber kleiner. Nach zwei Häutungen sind die Milben oft schon nach zwei Wochen voll entwickelt und bereit für die nächste Generation.

Unten: Diese Knospengallen sind Massenlager der Hauhechel-Gallmilbe.

*Trifolium pratense*
Schmetterlingsblütler
*(Fabaceae)*

# Rot-Klee

## Die Pflanze

Der Rot-Klee wächst häufig auf Fettwiesen und Weiden von der Ebene bis ins Hochgebirge. Seine dreizähligen Blätter zeigen meist einen hellen Fleck auf jedem Blättchen. Die Nebenblätter sind mit dem Blattstiel verwachsen, ihr freier Teil ist plötzlich in eine Granne verschmälert. Die kugeligen bis eiförmigen Blütenköpfchen öffnen sich von Juni bis September. Sie bestehen aus vielen roten Schmetterlingsblüten, die verschiedene Insekten anlocken. Den Nektar am Grund der Kronröhre können jedoch nur langrüsselige Hummeln und Schmetterlinge erreichen. Verblühte Blütenkronen fallen nicht ab, sondern vertrocknen. Sie dienen den winzigen Hülsenfrüchten als Flughilfen.

## Knöllchen für den Klee

Januar-Dezember

Über 90 % aller Schmetterlingsblütler entwickeln gehaltvolle Knöllchen an den Wurzeln. Sie entstehen, wenn frei lebende Knöllchenbakterien (zum Beispiel aus den Gattungen *Rhizobium, Mesorhizobium, Bradyrhizobium*) von Ausscheidungen der Wurzeln angelockt werden und in deren Zellen eindringen. Die Pflanze wehrt sich dagegen, dass sich diese Bakterien als Parasiten in der Pflanze ausbreiten: Sie wuchert an den befallenen Stellen zu Wurzelknöllchen. Bis hierher erinnert der Vorgang etwas an die Bildung von Pflanzengallen. Doch die eingekapselten Bakterien verändern ihre Form und stellen ihren Stoffwechsel um. Sie profitieren zwar weiterhin von den Kohlenhydraten, die die Pflanze durch Fotosynthese gebildet hat. Zusätzlich sind sie nun aber auch in der Lage, Stickstoff aus der Luft zu binden. So steht dieses Nährelement der Pflanze in verwertbarer Form zur Verfügung. Beide Partner profitieren von der Gemeinschaft – eine Symbiose ist entstanden.

Wissenschaftler haben Hinweise, dass jedes Knöllchen auf ein einziges Bakterium zurückgeht. Da in einem Knöllchen aber mehrere Bakterien leben muss es sich dabei um Klone handeln. Aktive Wurzelknöllchen sind innen rot gefärbt. Das dafür verantwortliche Leghämoglobin ist eng mit dem Hämoglobin, unserem roten Blutfarbstoff, verwandt. Wie dieses bindet es Sauerstoff. Das Enzym Nitrogenase fixiert den Stickstoff nur in Gewebe ohne freien Sauerstoff.

Dank den Kraftpaketen kann der Rot-Klee als Pionier auch neue, nährstoffarme Standorte erobern. Sterben die Pflanzen ab, zerfallen die Knöllchen und die Stickstoffverbindungen gelangen in die Erde. Auf dem gedüngten Boden können sich nun Gräser und andere Pflanzen zwischen den Klee drängen.

## Die Pille für das Vieh

Die Pflanzen bauen den Stickstoff aus den Knöllchen in Eiweiße ein. Rot-Klee ist deshalb eine besonders proteinreiche Futterpflanze und entsprechend wertvoll und beliebt bei **Weidetieren**. Landwirte bauen ihn deshalb großflächig an. Er und viele andere Kleearten schützen sich jedoch vor zu vielen fressenden Mäulern. Sie enthalten Isoflavone, die wie Geschlechtshormone wirken: Mit größeren Mengen Klee schlucken die Weidetiere eine pflanzliche «Pille». Erstmals fiel Schäfern in Australien diese Geburtenkontrolle auf: Der Nachwuchs bei ihren Schafen nahm ab, obwohl die Tiere genug zu fressen hatten. Auf ihren Weiden stand jedoch hauptsächlich Klee. Der einzelnen Pflanze nützt diese Strategie zwar nichts, der Art dagegen schon. Damit Landwirten ihren Viehbestand nicht unfreiwillig klein halten, stehen ihnen besondere Kleesorten zur Verfügung, die kaum mehr Isoflavone bilden.

Oben: An den Enden der Stängel und Verzweigungen stehen meist zwei oder drei unterschiedlich weit entwickelte Blütenköpfchen eng beieinander.

Unten: Die ca. 2 mm großen Wurzelknöllchen sitzen wie Bläschen auf den Wurzeln. Sie sind wertvolle Düngerfabriken, die von Pflanze und Bakterien gemeinsam gegründet wurden.

*Lotus corniculatus*
Schmetterlingsblütler
*(Fabaceae)*

# Gewöhnlicher Hornklee

## Die Pflanze

Der Hornklee wächst häufig auf Wiesen, Halbtrockenrasen und an Wegrändern von der Ebene bis in alpine Lagen. Die fünfzählig gefiederten Blätter wirken wie dreizählige Kleeblätter mit großen Nebenblättern. Die Schmetterlingsblüten in den wenigblütigen Dolden locken von Juni bis August mit Nektar und Pollen viele Wildbienen und Hummeln an. Die glänzenden Hülsenfrüchte platzen reif auf und schleudern dabei die Samen bis zu 2 m weit weg.

## Leben in einer roten Blase

Juni–September

Blütenknospen, in die die **Hornklee-Gallmücke** *(Contarinia loti)* ihre Eier abgelegt hat, schwellen zu einer blasigen Galle an. Im ihrem Innern fressen sich die kopf- und fußlosen Mückenlarven am Pflanzensaft satt. Sie verlassen ihren Schutzraum erst zur Verpuppung. Dabei robben sie nicht nur, sondern können dank einer grätenartigen Verdickung an der Bauchseite der Brust auch plötzlich wegschnellen. So überbrücken sie den gefährlichen Weg in den Boden möglichst rasch. Unter günstigen Bedingungen entwickeln sich jedes Jahr mehrere Generationen dieser recht häufigen Gallmückenart.

Wegen der roten Punkte auf den Flügeln heißt das Sechsfleck-Widderchen auch Blutströpfchen.

## Giftgasalarm

Juni–September

Das **Sechsfleck-Widderchen** *(Zygaena filipendulae)* ist eine von mehreren Rotwidderchenarten, deren Raupen auf Hornklee fressen. Sie tun dies, obwohl die Pflanze hochwirksame Giftstoffe auf Lager hat, die eigentlich Fressfeinde abhalten sollen: Sie kann Blausäure freisetzen. Sobald ihr Gewebe verletzt wird, wandeln Enzyme die dort gespeicherten Blausäureglykoside in eine aktive Form um. Aus dieser scharf gemachten Waffe entweicht dann das nach Bittermandeln riechende Gas. Doch was andere Raupen und Schnecken erfolgreich abschreckt und Weidetiere vergiften kann, wirkt attraktiv auf die Widderchen. Ihnen machen die Giftstoffe nichts aus – im Gegenteil: Sie nehmen sie mit ihrer Nahrung auf und reichern sie in ihren Körpern an. Hierdurch werden die Raupen selbst ungenießbar für Vögel, Reptilien und andere Fressfeinde. Damit nicht genug: Die Raupe kann die Blausäureglykoside auch selbst neu bilden. Sie bleiben in der Puppe und dem fertigen Schmetterling erhalten. Zu Recht trägt dieser also seine auffälligen Warnfarben auf den Flügeln.

Raupe des Sechsfleck-Widderchens. Fühlt sie sich bedroht, sondern die Wehrsekretbehälter giftige Tröpfchen ab.

Widderchen bauen auffällige Puppenkokons an Pflanzenstängel. Sie glänzen durch Kristalleinlagerungen aus Kalziumoxalat. Hier ist die Imago bereits geschlüpft und der Puppenrest ragt aus dem Kokon.

Oben: Bei den geröteten Knospengallen verdicken sich Kelch, Krone, Staubblätter und Fruchtknoten.

Unten: Die Hornklee-Gallmücke schiebt ihre Eier zwischen den Kelchzipfeln hindurch in die noch unentwickelte Hornkleeblüte hinein. In jeder Knospengalle entwickeln sich mehrere der springfähigen, gelblichen Larven.

Biologen sind noch weiteren Geheimnissen der Gifte auf der Spur: Untersuchungen deuten darauf hin, dass das Schmetterlingsweibchen mit Gasschwaden aus Blausäure die Männchen verführt. Ähnlich wie beim Jakobskraut-Bär (siehe Seite 250) kann das Männchen bei der Paarung die Giftstoffe auch an das Weibchen weitergeben. Bei der Umwandlung von der Raupe zum Schmetterling spielen sie wohl noch eine weitere Rolle: Sie können Stickstoff für die Bildung von Chitin liefern, aus dem das Außenskelett des Insekts besteht. Bei so vielen positiven Effekten des Gifts erstaunt eine Beobachtung der Biologen nicht: Die Widderchen sind zwar nicht ausschließlich auf Hornklee als Nahrungspflanze angewiesen. Sechsfleck-Widderchen, die auf Pflanzen ohne Blausäureglykoside gefressen haben, sind jedoch weniger fit als ihre Artgenossen mit der bevorzugten Hornkleediät.

Paarende Kurzschwänzige Bläulinge *(Cupido argaides)*. Die Raupen fressen an Hornklee und einigen anderen Schmetterlingsblütlern.

# Saat-Esparsette

*Onobrychis viciifolia*
Schmetterlingsblütler
*(Fabaceae)*

## Die Pflanze

Bauern kultivierten die ausdauernde Staude aus dem Mittelmeergebiet seit dem 16. Jahrhundert vielerorts anstelle von Klee als Futterpflanze. Auch heute wird sie noch ausgesät. Sie erträgt keine Beweidung, liefert aber gutes Heu. Oft konnte sie verwildern und trockene Wiesen, Wegränder und Böschungen besiedeln. Die bis zu 90 cm hohen Stängel tragen unpaarig gefiederte Blätter mit 15–29 Blättchen. Die rosa gefärbten Schmetterlingsblüten öffnen sich von Mai bis Juli in langen, aufrechten Trauben. Sie enthalten reichlich Nektar, den auch Bienen mit kurzen Rüsseln erreichen können. Die eiförmigen Hülsenfrüchte tragen einen stacheligen Kamm, mit dem sie an Tieren hängen bleiben können. Sie enthalten meist nur einen Samen.

## Schwarze Bewohner

Mai-September

Häufig lassen sich die etwa 4 mm großen **Kugelwanzen** *(Coptosoma scutellatum)* beobachten. Sie saugen ausschließlich auf verschiedenen Schmetterlingsblütlern an trockenen, warmen Standorten. Besonders oft sitzen sie an Esparsette, Kronwicke, Luzerne und Hornklee. Sie überwintern als Larven. Die Imagines sitzen von Mai bis September an den Pflanzen und legen dort ihre Eier ab.

Wie die meisten Wanzen beherbergen Kugelwanzen Bakterien in speziellen Aussackungen des Darmes. Diese Symbionten versorgen ihren Wirt mit Stoffen, die der einseitigen Pflanzennahrung fehlen (Vitamine, Eiweißbausteine). Damit auch der Nachwuchs die wichtigen Helferchen erhält, schmiert die Kugelwanze sie nicht einfach auf die Eier wie es andere Wanzen tun. Sie geht auf Nummer sicher und legt mit Bakterien gefüllte Kapseln zwischen ihre Eier. Die frisch geschlüpften Larven saugen dann die Kapseln mit dem Lebenselixier aus. Werden sie daran gehindert, sterben sie nach wenigen Tagen ab.

### Wanze oder Käfer?

Die breit-eiförmige, hoch gewölbte Kugelwanze sieht auf den ersten Blick wie ein Käfer aus. Allerdings zeigt der glänzend schwarze Rücken keine Trennlinie zwischen den zwei Deckflügeln, wie dies für Käfer typisch wäre. Vielmehr bedeckt ein Schildchen wie eine polierte Schutzkappe den ganzen Hinterkörper. Die für Wanzen typischen, halb häutigen Flügel sind deshalb nicht zu sehen.

Oben: Besonders paarende Kugelwanzen erinnern an Boxautos auf dem Jahrmarkt. Fühlen sie sich bedroht, lassen sie sich fallen.

Unten: Die Eier der Kugelwanzen sitzen immer in zwei Reihen. Dazwischen liegen die dunkel gefärbten Kapseln mit den Bakterien – der ersten «Nahrung» für die Wanzenlarven.

Oben: In die offene Brutkammer hat das Weibchen der Mörtelbiene schon einen Nahrungsvorrat aus Nektar und Pollen eingebracht.

Unten: Das fertige Nest der Mörtelbiene wirkt wie ein Lehmballen. Das Weibchen hat seine Arbeit beendet und wird bald sterben.

## Schwarze Besucher

Mai–Juni

Die Esparsette gehört neben dem Hornklee zu den wichtigsten Pflanzen für den Nachwuchs der **Schwarzen Mörtelbiene** *(Megachile parietina)*. Diese Wildbienenart lebt besonders im Mittelmeerraum. In Deutschland und in der Schweiz gibt es sie nur noch in wenigen warmen Lagen. Sie bildet keine Staaten und fliegt von Ende Mai bis Ende Juni. Das dunkel gefärbte, 14–18 mm große Weibchen zementiert ein Nest aus Lehm, Steinchen und Speichel an senkrechte Flächen von Felsen oder Gemäuer. Dort legt es meist 5–10 Brutzellen an. Auf eifrigen Sammelflügen erntet es große Mengen an Pollen und Nektar von den Schmetterlingsblütlern und packt diese in die Zellen. Um eine einzige Brutzelle auszustatten, muss es fast 3000 Esparsettenblüten aufsuchen. Dann legt es je ein Ei auf den Futterbrei und verschließt die Kammer. Nach ein oder auch erst nach zwei Jahren ist der Nachwuchs schlupfreif und öffnet den Deckel der Zelle von innen. Die schöne, seltene Biene hat viele Feinde: Schlechtes Wetter hindert sie an ihren Bauarbeiten, und Kuckucksbienen legen wie der namensgebende Vogel ihre Eier in die fremden Nester. Zudem zerstört der Mensch die offenen, trockenen Lebensräume oder mäht die mageren Wiesen mit den Nahrungspflanzen zu früh ab.

An diesem Standort am Rand eines Kieswerks findet die Mörtelbiene ideale Bedingungen.

# Sumpf-Herzblatt

*Parnassia palustris*
Spindelbaumgewächse
*(Celastraceae)*

## Die Pflanze

Seinem Namen entsprechend gedeiht das Sumpf-Herzblatt in Flach- und Quellmooren sowie auf nassen Kalkmagerrasen. Die grundständigen Blätter fallen meist kaum auf. Der Stängel trägt ein sitzendes, herzförmiges Blatt und eine endständige, bis zu 3,5 cm breite Blüte, die sich zwischen Juli und September öffnet. Die Fruchtkapseln öffnen sich mit vier Klappen und entlassen winzige Samen in den Luftstrom.

## Zur rechten Zeit am rechten Ort

Juli–September

Die Blüten erinnern etwas an die parabolspiegelartigen Blüten der Silberwurz (siehe Seite 69). Tatsächlich erwärmen gebündelte Sonnenstrahlen auch bei ihnen das Blütenzentrum. Allerdings kann das Sumpf-Herzblatt mit seinen Blüten dem Sonnenlauf nicht folgen und damit weniger Strahlen auffangen als die Silberwurz. Es lockt seine Bestäuber – vorwiegend Fliegen – jedoch zusätzlich mit einer auffälligen Reklame: Fünf der Staubblätter sind zu besonderen Nektarblättern umgebildet. Auf deren spreizenden Fransen sitzen kugelige, gelbe Köpfchen. Sie sind trocken, glitzern aber wie Tröpfchen und täuschen damit große Mengen Nektar vor. Es gibt aber nur am Grund der Nektarblätter ein wenig des süßen Saftes.
Bei seinen fünf Staubblättern wartet das Sumpf-Herzblatt nochmals mit einer Besonderheit auf: Jeden Tag streckt sich einer der Staubfäden und neigt seinen Staubbeutel direkt über den Fruchtknoten. Landet eine Fliege auf der Blütenmitte und dreht sich beim Abtasten der glitzernden Köpfchen im Kreis, stäubt sie ihren Bauch mit Pollen ein. Nach einem Tag bewegt sich der Staubfaden an den Blütenrand und wirft die Staubbeutel ab. Nach rund fünf Tagen haben alle fünf Staubblätter den Staffellauf beendet, das männliche Stadium der Blüte ist abgeschlossen. In dem folgenden weiblichen Stadium sind die Narben empfängnisbereit und können nun den Pollen aufnehmen, den eine Fliege von einer anderen Blüte mitgebracht hat.

Links: Besonders unerfahrene Fliegen fallen auf die Nektarattrappen herein und beschäftigen sich intensiv mit den Köpfchen.

Rechts: Die Blüten ragen auf bis zu 30 cm langen Stängeln empor.

# Tüpfel-Johanniskraut

*Hypericum perforatum*
Johanniskrautgewächse
*(Hypericaceae)*

## Die Pflanze

Auf mageren Wiesen und Heiden, Ödflächen und an Wegrändern bildet die Staude oft größere Gruppen. Jedes Jahr treibt sie meist mehrere Stängel. Diese haben zwei Längskanten und verholzen früh. Die ganzrandigen Blätter wirken, wenn man sie gegen das Licht hält, wie durchlöchert. Diese «Löcher» sind Behälter, die ätherisches Öl enthalten. Die dunklen Punkte an den Blatträndern sowie auf den Blüten- und Kelchblättern enthalten rot gefärbtes Hypericin. Die in ausladenden Trugdolden stehenden Blüten öffnen sich von Juni bis September. Ihre fünf gelben Kronblätter sind auf einer Seite gezähnt. Sie umgeben 80–100 Staubblätter, deren Pollen verschiedene Insekten anlockt. Die Kapselfrüchte öffnen sich mit Spalten. Der Wind und vorbeistreifende Tiere schütteln bis weit in den Winter hinein die länglichen Samen heraus.

## Mehrgleisige Abwehr

Die festen Stängel der Pflanze schmecken den **Weidetieren** nicht («Hartheu»). Sie bleiben auch dann noch stehen, wenn die zarten Blätter Opfer von Pflanzenfressern wurden. Hat sich ein Weidetier über einen größeren Bestand der Pflanze hergemacht, so muss es dies büßen: Nasen, Ohren und andere nicht von Haaren bedeckte Körperstellen färben sich rot. Die von der Pflanze als Abwehrstoffe gebildeten Hypericine setzen den Schutz der Haut gegenüber UV-Strahlen herab – die Tiere bekommen Sonnenbrand.

Die Hypericine schützen die Pflanze nicht nur gegen Wirbeltiere, sondern auch gegen Insekten, Bakterien und Viren. Gegen Mikroben besitzt sie zudem weitere spezifische Stoffe, die Hyperforine. Pflanzenfressende Insekten können die chemische Abwehr des Johanniskrauts ankurbeln. Wissenschaftler fanden heraus, dass Pflanzen bis doppelt so viel Abwehrstoffe enthielten, wenn unspezialisierte Raupen an ihnen fraßen. Nagte dagegen der **Südliche Johanniskraut-Blattkäfer** *(Chrysolina quadrigema)* an ihr, reagierte die Pflanze nicht. Dieser Spezialist führt sie offensichtlich hinter das Licht. Die Larven und Imagines des Blattkäfers reichern trotzdem die mit der Nahrung aufgenommen Hypericine an. Die Sonne kann ihnen damit ähnlich gefährlich werden wie den Weidetieren. Deshalb fressen die Larven hauptsächlich in der Dämmerung und verstecken sich tagsüber im Boden. Ausgewachsene Käfer sitzen jedoch auch tags an den Spitzen der Zweige. Ihre Deckflügel wirken wie gute Sonnenschirme – allerdings nur, solange sie geschlossen sind. Vielleicht fliegen die Käfer deshalb so ungern und lassen sich lieber fallen, wenn sie gestört werden.

Zwei spezialisierte Spitzmausrüsslerarten lassen sich von April bis Oktober auf den Pflanzen beobachten. Die nur etwa 2 mm großen Rüsselkäfer sehen sich sehr ähnlich und fressen gerne an den Blüten. Die Larven des Schlanken Johanniskraut-Spitzmausrüsslers *(Pseudostenapion simum)* entwickeln sich in den Stängeln, die des Großen Johanniskraut-Spitzmausrüsslers (*Pseudoperapion brevirostre*, Foto) in den Fruchtkapseln.

## Wer zuerst kommt …

April–September

Außer dem Südlichen Johanniskraut-Blattkäfer ernähren sich noch andere Käfer der Gattung *Chrysolina* ausschließlich von Johanniskraut (z.B. der Punktierte Johanniskraut-Blattkäfer *Chrysolina hyperici,* der Veränderliche Johanniskraut-Blattkäfer *Chrysolina varians,* der Violette Johanniskraut-Blattkäfer *Chrysolina geminata*). Sie sitzen oft in großen Scharen auf der Pflanze. Dabei haben sie jeweils etwas andere Umweltansprüche, sodass sie sich nur selten in die Quere kommen.
In den USA schätzen Wissenschaftler diese Spezialisten als Mini-Fressmaschinen gegen das Johanniskraut. Die Pflanze breitete sich dort während des Zweiten Weltkriegs als Neophyt nämlich so extrem aus, dass sie weidenden Tieren große Probleme bereitete. Als die Forscher als natürliche Gegenspieler der Pflanze den Punktierten Johanniskraut-Blattkäfer und den Südlichen Johanniskraut-Blattkäfer einführten, vermehrten sich diese innerhalb weniger Jahre so massiv, dass sie große Johanniskrautbestände kahl fraßen und die Pflanze damit wieder eindämmten.
Bei dieser «Unkrautbekämpfung» setzten die Wissenschaftler die Blattkäferarten auch gemeinsam aus. In der Folge verdrängten sich die Arten gegenseitig: In dem beobachteten Gebiet beendete der Südliche Johanniskraut-Blattkäfer seine Ruhephase früher als der Punktierte Johanniskraut-Blattkäfer. Er nützte seinen Vorsprung schamlos aus und fraß die Pflanzen kahl. Als der Punktierte Johanniskraut-Blattkäfer auftauchte, fand dieser keine geeignete Nahrung mehr. Allerdings kann er feuchtere und kühlere Gebiete besiedeln als seine Schwesterart. Damit seine Larven auch in einer kurzen Vegetationszeit ausreichend lange Zeit zum Fressen haben, schlüpfen sie schon im Muttertier aus den Eiern. In wärmeren Gebieten dagegen legt das Weibchen Eier, die eine Ruhephase durchlaufen.
Die Blattkäfer schädigen die Pflanze nicht nur durch ihre Fraßtätigkeit. Sie können auch Pflanzenkrankheiten übertragen. Die Sporen des Pilzes *Colletotrichum* cf. *gloeosporioides* bleiben an den Käfern und ihren Larven hängen. So gelangen sie gezielter auf gesunde Pflanzen als durch Wind oder Regen. Der Pilz verursacht die Johanniskrautwelke, bei der das Pflanzengewebe abstirbt. Dann bildet er winzige borstige, schwarze Lager, die neue Sporen entlassen.

Der Punktierte Johanniskraut-Blattkäfer unterscheidet sich von den anderen Blattkäferarten auf Johanniskraut durch die fein punzierten Deckflügel.

Oben: Oft fressen Larven der Blattkäfer in verschiedenen Entwicklungsstadien nebeneinander an einer Pflanze.

Unten: Auch die Afterraupen der Johanniskraut-Blattwespe *(Tenthredo zona)* sitzen häufig auf den Pflanzen und fressen an ihnen.

Oben: Der Querbindige Fallkäfer *(Cryptocephalus moraei)* lebt von April bis Juli auf Johanniskraut. Er ist ca. 4 mm groß.

Unten: Seine Larve verbirgt sich in einem selbst gebauten Sack aus Kot. Dieser tarnt sie und schützt sie vor UV-Strahlen.

# Zypressenblättrige Wolfsmilch

*Euphorbia cyparissias*
Wolfsmilchgewächse
*(Euphorbiaceae)*

## Die Pflanze

Auf mageren Wiesen, trockenen Weiden und an Wegrändern kalkreicher Standorte fällt diese Wolfsmilch oft schon ab Anfang April auf. Sie bildet aus unterirdischen Ausläufern zahlreiche 15–20 cm hohe Stängel, die unter dem Blütenstand nicht blühende, an Fichtensprosse erinnernde Seitentriebe tragen. Die linealen Blätter sind bis 3 cm lang, aber höchstens 3 mm breit. Die Blüten öffnen sich von April bis Juni. Sie haben weder Kelch noch Krone, sondern sind gemeinsam mit Nektardrüsen zu gelben, becherartigen Blütenständen zusammengelagert, die doldenartig beieinanderstehen. Nach der Blüte färben sie sich meist rötlich. Die dreifächrigen Fruchtkapseln platzen reif auf und schleudern dabei ihre Samen weg. Da sie ein Elaiosom tragen, locken sie Ameisen an, die sie in ihre Bauten schleppen.

## Giftige Milch

Milchröhren durchziehen die ganze Pflanze und sorgen dafür, dass aus jeder Wunde giftiger, weißer Saft quillt. Er trocknet langsam zu einer zähen Masse, die sich wie ein Pflaster über die Wunde legt. Dieser Belag verhindert, dass Krankheitskeime eindringen können. Bei Wirbeltieren reizt er die Haut und schädigt die Leber. Weidevieh tut also gut daran, die Pflanze zu meiden. Kleine Insekten ertrinken in der giftigen Brühe, größere vergiften sich, wenn sie keine Gegenstrategien haben.

Juli-September

Die Raupe des **Wolfsmilchschwärmers** *(Hyles euphorbiae)* weiß jedoch mit den giftigen Diterpen-Estern umzugehen und baut diese ab. So enthält ihre Körperflüssigkeit kein Gift, wohl aber der Wolfsmilchbrei in ihrem Magen. Bei Gefahr spuckt sie diesen aus.

Mai-Oktober

Auch einige andere Insekten wie die **Euphorbiengallmücke** *(Spurgia euphorbiae)* haben sich an die Pflanze angepasst.

März-Juni

## Total unter Kontrolle

Ein Rostpilz, der **Erbsenrost** (Artenkomplex *Uromyces pisi*), hat es geschafft, sich die Wolfsmilch zum Untertan zu machen. Hat er von der Pflanze Besitz ergriffen, so muss diese sich so entwickeln, wie der Pilz es ihr bestimmt. Pech für die Pflanze: Sie kann nicht mehr blühen und damit auch keine Samen mehr bilden.

Befallene Pflanzen (links) treiben etwas früher im Jahr aus. Anstatt normal zu wachsen, strecken sie sich in die Höhe und bleiben unverzweigt und viel blasser als gesunde Nachbarpflanzen. Sie bilden kleinere, fleischigere Blätter. Anstelle von Blüten entwickeln sich gelbliche Blattrosetten an den Enden der Triebe. Diese Scheinblüten sondern süß duftenden und schmeckenden Nektar ab.

Die Veränderungen dienen ausschließlich der ausgeklügelten Vermehrung des Pilzes. Die unter seinem Einfluss gebildeten Scheinblüten funktionieren für ihn ähnlich wie gewöhnliche Blüten für die Pflanze. Bei Blumen übertragen Insekten männlichen Pollen auf die weibliche Narbe und ermöglichen so eine sexuelle Fortpflanzung. Bei der befallenen Wolfsmilch tanken Insekten Nektar, in dem sich sexuelle Pilzsporen befinden. Wenn sie zur nächsten Scheinblüte fliegen, übertragen sie diese: Der dort bereits wachsende Pilz wird befruchtet. Nun reifen die leuchtend orangefarbenen Sporenlager, brechen auf der Blattunterseite auf und werden braun. Sie übergeben ihre staubfeinen Sporen dem Wind. Doch damit ist der Werdegang des Pilzes noch nicht zu Ende. Nur wenn die Sporen auf einem für sie passenden Schmetterlingsblütler landen, wachsen sie aus. Erst nach drei weiteren Sporentypen kehrt der Pilz wieder mit dem Wind auf die Wolfsmilch zurück und wächst mit der Pflanze im Frühjahr aus.

Lebenszyklus des Erbsenrosts

Dass dieses komplizierte Leben über fünf verschiedene Sporentypen und zwei verschiedene Wirtspflanzen funktioniert, zeigen die vielen befallenen Wolfsmilchpflanzen. Mit jedem neuen Sporentyp kann sich der Pilz vermehren. Der Wechsel zwischen Wolfsmilch und Schmetterlingsblütler hilft ihm zudem, die Vegetationszeit besonders gut auszunützen.

Oben: Ameisen besuchen häufig die Blütenstände, um Nektar zu tanken. Dabei bestäuben sie diese. Bei der Vermehrung des Rostpilzes spielen sie keine Rolle.

Unten: Keine Scheinblüte des Rostpilzes: Hier hat die Euphorbiengallmücke die Sprossspitze zu einer Galle verändert, in der sich mehrere Larven entwickeln.

Die Raupe des Wolfsmilchschwärmers warnt mit ihrem abschreckenden Farbmuster ihre Feinde davor, dass sie giftig ist.

*Malva* spp.
Malvengewächse
*(Malvaceae)*

# Malve

## Die Pflanze

Alle Malven haben wechselständige, gestielte Laubblätter. Ihre Spreiten variieren von handförmig gelappt bis tief fiederspaltig. Die fünf Kronblätter der Blüten sind meist rosa bis lila gefärbt, manchmal auch weiß. Die Staubfäden der sehr zahlreichen Staubblätter bilden um den Stempel eine verwachsene Röhre, aus der der verzweigte Griffel herausragt. Die Spaltfrucht erinnert an einen Käselaib. Sie zerfällt bei der Reife in einsamige Teilfrüchte, die bei vielen Arten bei feuchtem Wetter durch Schleim klebrig werden. So bleiben sie leicht an Tieren haften.

## Feurige Liebhaber

Februar–Oktober

Diese Wanzen haben Sie sicher schon einmal gesehen: **Feuerwanzen** *(Pyrrhocoris apterus)* tummeln sich besonders im Frühjahr oft zu Hunderten an der Basis von Lindenstämmen und am Boden darunter. Für den Zusammenhalt der Gruppen sorgen bestimmte Pheromone, die die Tiere abgeben. Die meisten Imagines können nicht fliegen, doch gibt es auch Gemeinschaften mit zahlreichen flugfähigen Tieren. Feuerwanzen haben eine Vorliebe für Malvengewächse, zu denen auch die Linden zählen. Die krautigen Malven

Besonders Hummeln (hier Steinhummel, *Bombus lapidarius*) besuchen die Blüten der Wilden Malve *(Malva sylvestris)*.

wirken dann besonders attraktiv für die Wanzen, wenn ihre Früchte heranreifen. Nun stechen sie ihren Saugrüssel in die Samen und saugen diese aus – mit Vorliebe dann, wenn die Teilfrüchte bereits am Boden liegen. Allerdings enthalten die Früchte für die Insekten schädliche Fettsäuren. Die Feuerwanzen können sich nur von ihnen ernähren, weil sie in ihrem Darm ungewöhnliche Bakterien als Symbionten beherbergen. Diese versorgen die Wanzen mit B-Vitaminen, die die Nahrung verträglich machen. Die Wanze kann die Vitamine weder aus den Malven in ausreichender Menge aufnehmen noch selbst bilden.

Außer an Malvengewächsen leben Feuerwanzen auch unter Robinien, Rosskastanien und einigen anderen Pflanzen. Gelegentlich fressen sie sogar an Wirbeltieraas, Insekteneiern oder betreiben Kannibalismus. Mit dieser tierischen Zusatznahrung können sie ihren Nährstoffbedarf besonders rasch und effizient decken.

### Wirksame Warnwesten

Die meisten Wanzen sondern bei Bedrohung aus speziellen Drüsen ein giftiges, oft stinkendes und ekelhaft schmeckendes Sekret ab. Spätestens jetzt lassen auch noch unerfahrene Vögel und insektenfressende Säugetiere den unappetitlichen Happen wieder fallen. Für die betroffene Wanze ist dies aber oft schon zu spät, da Schnabel oder Zähne sie verletzt haben. Günstiger ist es deshalb, wenn das Tier schon vorher signalisiert, dass es ungenießbar ist. Die Feuerwanze erreicht dies mit ihrer abschreckenden rot-schwarzen Färbung. Einige andere Wanzenarten haben sich dieselbe Farbkombination zugelegt, zeigen diese aber in anderen Mustern (siehe Seite 158, 159).

## Verräterische Perforationen

Mai–August

Während die Saugstellen der Wanzen an den Malven kaum auffallen, hinterlassen die 3–6 mm großen Erdflohkäfer deutlichere Spuren: Der **Gewöhnliche Malven-Erdfloh** *(Podagrica fuscicornis)*, der **Schwarzbeinige Malven-Erdfloh** *(Podagrica fuscipes)* und der **Dunkelköpfige Malven-Erdfloh** *(Podagrica malvae)* fressen Löcher in die Blätter. Bei starkem Befall sehen diese wie ein Sieb aus. Wie ihre zahlreichen Verwandten springen auch diese auf Malvengewächse spezialisierten Erdflohkäfer bei Gefahr blitzartig vom Blatt (siehe Seite 171). Ihre Eier legen sie an die unteren Stängelteile. Die Larven leben im Mark des Stängels und in den Wurzeln und überwintern auch dort.

## Auffällige Pusteln

Mai–Oktober

Der **Malvenrost** *(Puccinia malvacearum)* sprenkelt besonders die Blattunterseiten mit Pusteln. Diese Sporenlager des Ständerpilzes *(Basidiomycota)* färben sich von zitronengelb über orange nach schokoladenbraun und entlassen mikroskopisch kleine Sporen. Auf der Blattoberseite fallen sie als gelbe, eingesunkene Flecken auf. Im Gegensatz zu vielen anderen Rostpilzen wie dem Erbsenrost (siehe Seite 110) braucht der Malvenrost keinen zweiten Wirt, um seinen Lebenszyklus abzuschließen. Er verzichtet einfach auf ungeschlechtliche Vermehrungssporen. So reicht ihm die Malve und er kann sich überall dort entwickeln, wo diese vorkommt. Seine Hyphen wachsen durch das Pflanzengewebe und entziehen diesem Nährstoffe. Treten sie zu massiv auf, behindern sie die Fotosynthese der Pflanze und lassen die Blätter welken. Den Winter überdauert der Pilz als Myzel oder als Sporen. Im Frühjahr produziert er riesige Mengen neuer Sporen, die der Wind oder spritzende Regentropfen auf frisch austreibende Malvenblätter tragen.

Der Hauhechel-Bläuling *(Polyommatus icarus)* findet Nektar in den Blüten der Rosen-Malve *(Malva alcea)*, er ist aber ein eher seltener Gast.

Oben: Hier bildet der Malvenrost seine stecknadelkopfgroßen Pusteln auf der Blattunterseite der Wilden Malve *(Malva sylvestris)*.

Unten links: Die Erdflohkäfer fressen auch an Blüten und Früchten. Hier sitzt der Gewöhnliche Malven-Erdfloh auf der Rosen-Malve.

Unten rechts: Diese Feuerwanzenlarven zwängen sich zwischen den Kelch der Wilden Malve, um die Samen anzustechen. Die orangen Pusteln des Malvenrosts scheinen sie nicht zu stören.

*Cardamine pratensis*
Kreuzblütler
*(Brassicaceae)*

# Wiesen-Schaumkraut

## Die Pflanze

Nährstoffreiche, nasse Wiesen und lichte Auenwälder kann das Wiesen-Schaumkraut bei massenhaftem Auftreten in hellviolette Blütenmeere verwandeln. Aus den grundständigen Rosetten erheben sich bis zu 80 cm hohe, runde Stängel, an denen sich zwischen April und Juni die vierzähligen Blüten in endständigen Trauben öffnen. Bienen und Falter saugen vom reichlichen Nektar an der Blütenbasis, Schwebfliegen und die Zweizellige Sandbiene *(Andrena lagopus)* sammeln Pollen. Die 2,5–5 cm langen Schotenfrüchte reifen zwischen Juni und August. Sie platzen auf und streuen je bis zu 30 hellbraune Samen mehr als 2 m weit aus.

## Frühflieger trifft Frühblüher

April–Juli

Der **Aurorafalter** *(Anthocharis cardamines)* fliegt als einer der ersten Schmetterlinge im Frühjahr. Besonders die Männchen fallen mit dem großen orangen Fleck auf der Innenseite der Vorderflügel auf, die Weibchen haben hier nur einen gräulichen Fleck. Der zu den Weißlingen zählende Tagfalter saugt Nektar aus den Blüten des Wiesen-Schaumkrauts und nützt dieses auch als Pflanze für die Eiablage. Zwar sucht das Weibchen für beide Zwecke auch andere Kreuzblütler, besonders die Knoblauchsrauke *(Alliaria petiolata)* auf, doch passen die Blühphase des Wiesen-Schaumkrauts und sein Nahrungsangebot ideal zu den Ansprüchen des Falters. Er legt seine Eier ausschließlich an knospende oder blühende Pflanzen. Die bläulich grünen Raupen fressen an den Blüten und reifenden Früchten. Experimente haben gezeigt, dass diese Vorliebe nicht mit bestimmten Inhaltsstoffen zusammenhängt, sondern eher eine Gewöhnung widerspiegelt: Raupen aus Eiern in den Blütenständen bleiben diesen Pflanzenteilen treu. Saßen die Raupen zuerst an Blättern, bevorzugten sie diese.

Oben links: Wenn der zu den Fliegen zählende Wollschweber (*Bombylius* sp.) Nektar tankt, schwebt er meist vor den Blüten und hält sich nur leicht fest.

Oben rechts: Mit den unregelmäßig grün marmorierten Unterseiten der Hinterflügel sind diese paarenden Aurorafalter recht gut getarnt.

Unten: Man muss schon etwas suchen, um eines der einzeln an den Blütenstielen abgelegten Eier des Aurorafalters zu entdecken.

*Capsella bursa-pastoris*
Kreuzblütler
*(Brassicaceae)*

# Gewöhnliches Hirtentäschel

## Die Pflanze

Das Hirtentäschel gehört zu den typischen Wildkräutern auf Äckern, in Gärten und auf Ödflächen. Es bildet eine Rosette mit fiederspaltigen bis ganzrandigen Blättern. Aus ihrer Mitte schiebt sich zwischen April und November der oft verzweigte blühende Stängel. Die Blüten mit den vier weißen Kronblättern entwickeln sich rasch zu den typischen, verkehrt herzförmigen Früchten. Während diese heranreifen, verlängern sich die Trauben oft um ein Vielfaches.

## Kreidebleich nach Pilzbefall

April-Oktober

Besonders im Frühjahr und Herbst, wenn die Blätter der Pflanze längere Zeit feucht waren, bedeckt oft ein weißlicher Belag die Pflanze. Die blühenden oder fruchtenden Stängel verdrehen sich außerdem bizarr oder verkrüppeln. Hier machen sich zwei Pilzarten aus der Gruppe der Eipilze *(Peronosporomycetes)* breit, die häufig sogar gemeinsam auf der gleichen Pflanze auftreten. Hat der **Falsche Mehltau der Kreuzblütler** *(Hyaloperonospora parasitica)* die Pflanze erobert, bildet er weiße, flaumige Rasen auf den oft verdickten Stängeln. Flächige, porzellanweiße Krusten oder Pusteln dagegen weisen auf den **Kreuzblütler-Weißrost** *(Albugo candida)* hin. Dieser überdauert Trockenzeiten und den Winter mit widerstandsfähigen, dickwandigen Dauersporen im Boden. Erst bei ausreichend Feuchtigkeit durch Tau, Nebel oder Regen keimen diese mikroskopisch kleinen Sporen aus. Sie können dabei bewegliche Zellen freisetzen, die mit zwei Geißeln aktiv zu ihrem Wirt schwimmen. Alternativ entstehen unbewegliche Zellen, die der Regen auf die Pflanze spritzt. Der Pilz wächst dort mit Hyphen in das Gewebe hinein. Bei optimalen Temperaturen (15–20 °C) dauert es nur 4–6 Stunden, bis die Pflanze infiziert ist. Die ersten Symptome zeigen sich meist nach 10–14 Tagen. Der Pilz bildet nun auf der Unterseite der Blätter und im Blütenstand weißlich glänzende, vorgewölbte Pusteln. Reif, platzen sie auf und setzen Sporenmassen frei, die wie Kreidestaub auf der Pflanze liegen. Schon ein leichter Wind bläst die Sporen auf weitere Pflanzen. Zur Blütezeit hat der Pilz die Pflanze weitgehend unter Kontrolle. Er hemmt ihr Wachstum, ihre Stängel schwellen unförmig an. Manchmal verkrüppeln die Blütenstände durch den Weißen Rost so stark, dass die Pflanze vollständig unfruchtbar wird. In anderen Fällen entstehen missgebildete Früchte mit nur wenigen oder keinen Samen. Mit zunehmendem Alter verfärben sich einzelne Bereiche im Blütenstand schwarz. Dies zeigt an, dass hier schokoladenbraune Dauersporen des Pilzes im Pflanzengewebe ruhen. Sie werden erst frei, wenn

abgestorbene Pflanzen zerbrechen oder sich zersetzen. Bei Frost oder Temperaturen über 25 °C kann sich der Pilz nicht entwickeln. Trotzdem ist er weltweit verbreitet.
Der Weiße Rost tritt in verschiedenen Rassen auf. Eine davon befällt fast ausschließlich das Hirtentäschel, andere sind auf andere Kreuzblütler oder auch Pflanzen aus anderen Familien spezialisiert. Bei ausdauernden Pflanzen wie dem Meerrettich *(Armoracia rusticana)* übersteht der Pilz auch ohne Dauersporen den Winter in deren Wurzeln.

Links: Ein Flaum von Sporenträgern des falschen Mehltaupilzes bedeckt die Pflanze.

Rechts oben: Dieser Stängel ist so massiv vom Kreuzblütler-Weißrost befallen, dass die Pusteln ineinanderfließen.

Rechts unten: Die Kohlwanze *(Eurydema oleracea)* saugt an verschiedenen Kreuzblütlern. Der Kreuzblütler-Weißrost scheint sie nicht zu stören.

*Dictamnus albus*
Rautengewächse
*(Rutaceae)*

# Weißer Diptam

## Die Pflanze

Die bis zu 1,2 m hohe Staude gedeiht nur an warmen, trockenen Standorten an felsigen Hängen, Waldrändern und in lichten Wäldern. Sie enthält so viel ätherisches Öl, dass sie an heißen Tagen aromatisch duftet, ohne dass sie berührt wird. Das Öl befindet sich in durchscheinenden Ölbehältern der unpaarig gefiederten Blätter sowie in zahlreichen schwarzen Drüsen, die an Stängel, Blüten und Früchten sitzen. Die 4–5 cm großen Blüten in der endständigen Blütentraube haben fünf rosafarbene Kronblätter mit dunklen Adern. Sie locken zwischen Mai und Juni verschiedene Insekten als Bestäuber an. Die Frucht zerfällt reif in fünf Teilfrüchte. Diese platzen mit einem Knall auf und streuen je mehrere Samen aus.

## Schöne Pflanze – schöne Raupe

April–Oktober

Der Diptam gehört zu den Futterpflanzen der Raupen des **Schwalbenschwanzes** *(Papilio machaon)*. An seinen Standorten – auch in Botanischen Gärten – lohnt es sich deshalb immer, nach den Raupen Ausschau zu halten. Die in Mitteleuropa vorkommende Unterart des Edelfalters *(Papilio machaon gorganus)* frisst jedoch nicht nur auf Diptam. Seine Raupen leben besonders häufig auf Wilder Möhre *(Daucus carota)* und Pastinak *(Pastinaca*

An seinen Wildstandorten ist der Diptam geschützt. Besonders in der Renaissance war er eine beliebte Gartenpflanze.

*sativa)*, in Gärten auch gerne an Dill *(Anethum graveolens)*, Fenchel *(Foeniculum vulgare)* oder der Weinraute *(Ruta graveolens)*. Die in England vorkommende Unterart des Schwalbenschwanzes *(Papilio machaon britannicus)* hat sich dagegen auf den Sumpfhaarstrang *(Peucedanum palustre)* spezialisiert. Mit dieser Wahl beschränkt er seinen Lebensraum ausschließlich auf sumpfige Gebiete mit diesem Doldenblütler – und damit viel stärker, als seine mitteleuropäischen Artgenossen.

### Mit Strategie zum Erfolg

Die Raupen ernähren sich ausschließlich von Pflanzen aus zwei Pflanzenfamilien: Rautengewächse und Doldenblütler. Diese beiden Familien sind zwar nicht näher miteinander verwandt, besitzen aber Inhaltsstoffe aus der gleichen chemischen Gruppe: Furanocumarine. Diese wirken erst im Zusammenspiel mit UV-Licht giftig. Viele andere Insekten, die an entsprechenden Pflanzen fressen, verbergen sich deshalb vor dem Licht

Links: Die zehn Staubblätter wachsen so in einem Bogen, dass Insekten gut auf ihnen landen können.

Rechts: Die jungen Raupen erinnern an Vogelkot und wirken wenig attraktiv auf Fressfeinde.

(siehe Seite 225). Der Schwalbenschwanz dagegen entpuppt sich als Sonnenanbeter: An heißen, sonnigen Tagen hält sich die Raupe oft ganz oben auf der Futterpflanze auf. Dort ist das Klima etwas angenehmer und kühler als direkt über dem aufgeheizten Boden. Damit ihr die Gifte der Pflanze nicht schaden, hat sie besondere Enzyme, die diese abbauen. Selbst auf ihrem exponierten Hochsitz bleibt sie von Fressfeinden unbehelligt: Zoologen fanden heraus, dass sogar unerfahrene Kohlmeisen die widerlich schmeckenden Raupen höchstens einmal attackieren und von ihnen ablassen, noch bevor sie sie tödlich verletzt haben.

Oben: Fühlt sich die Raupe bedroht, stülpt sie eine Nackengabel aus. Diese verströmt Duftstoffe, die die Raupe aus den ätherischen Ölen der Futterpflanze gebildet hat. Zumindest Ameisen lassen sich damit vertreiben.

Unten: Bei den älteren Raupen lösen sich die Konturen durch die Streifen ähnlich auf wie bei einem Zebra. So werden sie leicht übersehen.

# Gewöhnliche Nachtkerze

*Oenothera biennis* aggr.
Nachtkerzengewächse
*(Onagraceae)*

## Die Pflanze

Nachtkerzen kamen um 1620 von Amerika als Zierpflanzen nach Europa. Einige konnten sich als Neophyten etablieren. Heute wachsen sie auf Ödland wie Industriebrachen und an Straßenrändern. Ihre Pfahlwurzel bildet im ersten Jahr eine Blattrosette, im zweiten einen oft verzweigten blühenden Stängel. Bei den Stieltellerblüten sitzt über dem Fruchtknoten eine bis zu 4 cm lange, dünne Blütenröhre, die den Kelch, die vier Kronblätter und acht Staubblätter trägt. Tief am Grund entsteht Nektar, der in der Röhre kapillar aufsteigt. Die Kapselfrüchte springen ab September auf, sodass der Wind und Tiere die Samen verbreiten können. Bis ins Frühjahr hinein picken Distelfinken und andere Samenfresser die ölhaltigen Samen – verstreuen dabei aber viele von ihnen.

Juni–Oktober

## Klebrige Fäden

Die großen, mit bloßem Auge erkennbaren Pollenkörner sind über farblose, klebrige Fasern miteinander verfilzt oder zu langen Girlanden aufgereiht. Die Fasern bestehen aus Viscin, einem zähen, klebrigen, fädigen Kohlenhydrat. Es ist nach der Mistel (*Viscum album*) benannt, in deren Beeren es in großen Mengen vorkommt. Mit Misteln ein-

Die auch in Gärten häufige Gammaeule *(Autographa gamma)* lässt sich oft an den frisch geöffneten Blüten beobachten (Raupe siehe Seite 196).

## Rekordzeit

Es lohnt sich, aufblühende Nachtkerzen zu beobachten! Bereits in den frühen Abendstunden spreizen an Knospen, die sich öffnen werden, die Spitzen der Kelchblätter auseinander, und die vierteilige Narbe ragt aus der Knospe. In der Dämmerung reißen dann innerhalb weniger Minuten die Kelchblätter auf, fallen ab und geben den Kronblättern Platz, um sich auszuwickeln. Dies geht an warmen Abenden oft so schnell, dass sogar ein Rascheln zu hören ist. Sobald die Blüte ganz offen ist, beginnt sie zu duften. Nur wenig später finden sich auch schon die ersten Nachtfalter und Schwärmer ein, um Nektar zu tanken. Meist welken die Blüten schon in den Morgenstunden, sodass tagaktive Bienen, Hummeln und Schwebfliegen bald vor verschlossenen Türen stehen. Spätestens nach einem Tag ist der Spuk vorbei, und die nächsten Knospen warten auf ihren Auftritt in der Dämmerung.

Jede Blütentraube kann bis über 100 Blüten umfassen. Diese öffnen sich über mehrere Wochen hinweg nacheinander von unten nach oben.

gestrichene Ruten kleben so stark, dass darauf früher Vögel den Vogelfängern «auf den Leim» gingen. Die Viscin-Fasern der Nachtkerze sind feiner und erinnern eher an ein dünn gesponnenes Spinnennetz. Sie bleiben leicht in Haaren, Beinen, Fühlern oder Mundwerkzeugen der blütenbesuchenden Insekten hängen. Mit den Girlanden behängt, fliegen diese nun auf die nächste Blüte und laden dort eine größere Pollenmenge auf einmal auf der Narbe ab. Im Fruchtknoten jeder Nachtkerzenblüte warten bis zu 200 der weiblichen Samenanlagen auf die Befruchtung durch den männlichen Pollen, damit sie sich zu Samen entwickeln können. Da jede Samenanlage ein eigenes Pollenkorn zur Befruchtung benötigt und der Narbe nicht allzu viel Zeit bleibt, diese einzufangen, ist eine solche Massenanlieferung sinnvoll. Sicherheitshalber kann sich die Pflanze auch mit dem eigenen Pollen selbst bestäuben. Die Insekten haben Mühe, die klebrigen Fäden wieder loszuwerden. Besonders Bienen und Hummeln sitzen deshalb oft in der Nähe der Nachtkerze und putzen sich ausgiebig.

Links: Anstelle von kompakten Höschen transportiert diese Honigbiene *(Apis mellifera)* lange Schleppen mit Nachtkerzenpollen.

Rechts: Ein Insekt hat die Bürste des geschlossenen Köpfchens der Wilden Karde *(Dipsacus fullonum)* genutzt, um sich die lästigen Pollenfäden vom Leib zu streifen.

Oben: Diese gelb gefärbte Veränderliche Krabbenspinne (*Misumena vatia*, siehe Seite 234) ist für unser Auge in den Blüten gut getarnt. Sie absorbiert jedoch Licht im UV-Bereich, sodass Bienen sie auf den reflektierenden Randbereichen der Blüte erkennen können.

Unten: Da Insekten andere Farbbereiche wahrnehmen als wir, wirken die Blüten auf sie viel spektakulärer als auf uns: Die Kronblätter reflektieren im UV-Bereich, Bereiche im Zentrum absorbieren jedoch das UV-Licht. Sie bilden so auffällige Saftmale, die den Bestäubern den Weg zum Nektar weisen.

# Zottiges Weidenröschen

*Epilobium hirsutum*
Nachtkerzengewächse
*(Onagraceae)*

## Die Pflanze

Dieses Weidenröschen kann mit seinen Ausläufern rasch größere Herden bilden. Die bis über 1,5 m hohen, verzweigten Stängel tragen ebenso wie die sitzenden Blätter zottige und drüsige Haare. Wie bei allen Weidenröschen stehen die vier rosa Kronblätter auf einem auffallend langen Fruchtknoten. Die Staubblätter öffnen sich vor der vierspaltigen Narbe, sodass Bienen diese mit fremdem Pollen bestäuben. Die dünnen Fruchtkapseln enthalten sehr viele kleine Samen, die dank langer Haarschöpfe weit fliegen können.

Juni–September

## Grüne und braune Schlangen

Der Mittlere Weinschwärmer *(Deilephila elpenor)* legt seine Eier einzeln oder paarweise auf die Blattunterseiten. Nach etwa einer Woche schlüpfen die Raupen. Sie verstecken sich an sonnigen Tagen, sitzen sonst aber meist frei auf der Pflanze. Es gibt sie in zwei Farbvarianten. Beide Färbungen tragen dazu bei, dass besonders die jungen Raupen in ihren Futterpflanzen gut getarnt sind. Allerdings besitzen sie mit jeder Häutung größer werdende Flecken, die wie Augen wirken. Ähnlich wie die Scheinaugen auf manchen Schmetterlingsflügeln sollen sie Fressfeinde täuschen. Bei so großen Augen erwarten diese ein viel größeres Tier – das dann nicht mehr in ihr Beuteschema passt. Trotzdem gepackt, windet sich die Raupe wie eine Schlange heftig hin und her. Vor Schreck lässt mancher Räuber diese unheimliche Beute spätestens jetzt fallen. Die ausgewachsenen Raupen verlassen die Pflanze und verpuppen sich in der Laubstreu am Boden. Auf der Suche nach einem geeigneten Verpuppungsplatz legen sie oft größere Strecken zurück und überqueren sogar Wege und Straßen. Die Falter schlüpfen meist im Juni des folgenden Jahres.

Die Raupen fressen auch an anderen Weidenröschen, Springkräutern und Labkräutern. Auf Weinreben sitzen sie nur selten, obwohl ihr Name diese als übliche Futterpflanzen vermuten lässt. Auch fremdländische Kost verschmähen sie nicht: Von den Neophyten unserer Flora haben sie sowohl das Drüsige Springkraut wie auch – allerdings weniger häufig – die Nachtkerze auf ihren Speisezettel genommen. In Gärten und Parks ernähren sie sich gerne von Fuchsien.

Die Pflanze gehört zu den häufigen Gewächsen an Grabenrändern, Bach- und Seeufern. Sie blüht zwischen Juni und September.

Oben links: Bei dieser jüngeren, grünen Raupe sind die Augenflecke noch nicht voll ausgebildet.

Oben rechts: Der hübsche Mittlere Weinschwärmer ist nachtaktiv und ruht tags an Pflanzen, in Städten auch an Hauswänden.

Unten: Besonders bedrohlich wirken die Raupen, wenn sie ihren Kopf etwas zurückziehen. In dieser Pose schwellen die Glieder mit den Augenattrappen an, der Schlangenkopf wirkt nun fast perfekt.

Die kräftigen Raupen werden bis zu 8 cm lang. Braun gefärbte Tiere sind häufiger als grüne.

# Kuckucks-Lichtnelke

*Silene flos-cuculi*
Nelkengewächse
*(Caryophyllaceae)*

## Die Pflanze

Auf feuchten Wiesen und in Flachmooren sorgen Gruppen dieser Staude für einen rosa Farbaspekt. Die Pflanze bildet blühende und nicht blühende Rosetten. Die Stängel mit den schmalen Blättern tragen unter den Knoten nach rückwärts gerichtete Borsten. Dies soll kleine Insekten daran hindern, hinaufzuklettern und die Blüten ohne Gegenleistung zu plündern. Aus der engen Kelchröhre ragen fünf tief geschlitzte Kronblätter. Blütenbestäuber sind Falter und langrüsselige Bienen. Die kugeligen Kapselfrüchte springen bei Trockenheit mit fünf Zähnchen auf, sodass Wind und Tiere die nierenförmigen Samen ausstreuen können.

Das Schaumnest reguliert die Feuchtigkeit und Temperatur für die Larvenentwicklung und schützt vor Feinden.

## Vom Kuckuck bespuckt?

Mai-Juli

Relativ häufig hängen ab Mai schaumige Massen an den Pflanzenstängeln. Dieser «Kuckucksspeichel» taucht etwa zum selben Zeitpunkt auf, wie die Rufe des Kuckucks ertönen und die ersten Kuckucks-Lichtnelken ihre Blüten öffnen. Ein weiterer Bezug zu diesem Vogel besteht jedoch nicht. Vielmehr saugen hier die Larven von Schaumzikaden. Die ca. 6 mm große **Wiesenschaumzikade** *(Philaenus spumarius)* nützt über 170 verschiedene, meist krautige Nahrungspflanzen. Sie zapft die Wasserleitungsbahnen (Xylem) der Pflanzen an, die jedoch nur wenige Nährstoffe enthalten. Biologen haben ermittelt, dass die Larven innerhalb von 24 Stunden das bis zu 280-Fache ihres eigenen

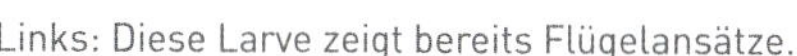

Links: Diese Larve zeigt bereits Flügelansätze.

Rechts: Die Wiesenschaumzikade tritt in sehr vielen, unterschiedlich gefärbten Formen auf.

Körpergewichts an Pflanzensaft filtern, um satt zu werden. Besonders in trockeneren Zeiten kann dies die Pflanze empfindlich schwächen. Einen Bruchteil des ausgeschiedenen Wassers nützt die Larve für ihr Schaumbad. Als Badezusatz dienen ihr Schleimstoffe und Eiweiße, die sie in den Darm ausscheidet. Die Larven sitzen kopfunter an den Stängeln und pumpen Luftbläschen aus einer Atemhöhle am Bauch in die aus dem After austretende Mischung. So erzeugen sie einen stabilen Schaum, der über sie hinunterläuft und sogar Regenschauer übersteht. Die Tiere entwickeln sich über fünf Larvenstadien, die dem erwachsenen Tier immer ähnlicher werden. Ihre Färbung ändert sich dabei von Orangefarben zu Grün. Die Imagines verlassen ab Juni den Schaum. Sie können nun laufen, fliegen oder auch springen. Hierzu nützen sie ihre Hinterbeine wie ein Katapult und können auf der Flucht aus dem Stand heraus 70 cm hoch springen. Den ganzen Sommer über paaren sie sich und legen im September und Oktober, sobald die Tage kürzer und kühler werden, ihre Eier an Pflanzen ab. Nur diese überwintern.

Die Blüten öffnen sich zwischen Mai und Juli.

*Saponaria officinalis*
Nelkengewächse
*(Caryophyllaceae)*

# Echtes Seifenkraut

## Die Pflanze

Aus einem kriechenden Wurzelstock wachsen bis zu 70 cm hohe blühende Stängel sowie sterile Sprosse, beide gegenständig mit lanzettlichen Blättern besetzt. Die hellrosa bis fast weißen Blüten stehen büschelig gehäuft in den oberen Blattachseln und am Ende des Stängels. Die fünf Blütenblätter bilden einen gestielten Teller, dessen Stiel in einer Kelchröhre steckt. Am Übergang zwischen Stiel und Teller sitzen ca. 2 mm hohe Schuppen, die kleine Insekten daran hindern sollen, in die Blüte hineinzukriechen und dort Nektar zu stehlen. Die Kapselfrüchte springen mit vier Zähnen auf und streuen ihre Samen im Wind oder durch vorbeistreifende Tiere aus.

## Blütenbesucher

Juli–Oktober

Das Seifenkraut hat sich auf Nachtfalter und Schwärmer als Bestäuber spezialisiert. Dank ihrer hellen Farbe fallen die Blüten auch in der Dunkelheit auf. Außerdem verströmen sie abends und nachts den stärksten Duft und produzieren am meisten Nektar. Dieser Zuckersaft ist am Grund der etwa 2 cm langen Blütenröhre nur für langrüsselige Insekten erreichbar. Tagsüber fliegen gelegentlich Bienen und Schwebfliegen die Seifenkräuter an, um Pollen zu sammeln.

## Ruß auf den Blüten

Juli–Oktober

Neben Pflanzen mit strahlend sauberen Blüten stehen immer wieder solche, deren Blüten braunschwarz verschmutzt sind. Bei ihnen ragen statt hellgelben schwarzpulvrige Staubbeutel aus den Kronröhren. Was wie feinste Asche aussieht, sind die Sporen eines Brandpilzes, des **Antherenbrands des Seifenkrauts** *(Microbotryum saponariae)*. Dieser Pilz braucht in seiner parasitischen Phase das Seifenkraut (zum Lebenszyklus eines Brandpilzes siehe Seite 266). Außerhalb der Blütezeit seiner Wirtspflanze fällt er nicht auf. Seine mikroskopisch feinen Hyphen durchziehen zwar die gesamte Pflanze, bilden aber keine Fruchtkörper und verändern auch den Wuchs der Pflanze kaum. Bildet die Pflanze aber Blütenknospen, so wachsen Hyphen in die männlichen Blütenorgane hinein. Nun enthalten die Staubbeutel keine Pollen mehr. Stattdessen nutzt der Pilz die Beutel als Behälter für seine Sporen, die die Staubbeutel genauso prall ausfüllen, wie dies sonst die Pollenkörner tun. Diesen Behälter hat sich der Pilz raffiniert ausgesucht: Platzen die Staubbeutel auf, quellen die Sporenmassen hervor und präsentieren sich nun an denselben Plätzen, an denen sonst der Pollen des Seifenkrauts auf seine Verbreitung wartet. Für

Oben: Seifenkraut besiedelt Flussufer, Schuttplätze und Wegränder, an denen die Gräser nicht zu dicht stehen.

Unten: Das tagaktive Taubenschwänzchen gehört zu den regelmäßigen Blütenbesuchern. Tankt es Nektar, können Pollen oder Brandsporen an seinem Rüssel und Kopf hängen bleiben.

den Pilz geht der Plan auf – seine Sporen bleiben an Insekten haften, die die Blüten besuchen, er kann sie als fliegende Boten benutzen. Für den sehr nah verwandten Antherenbrand auf der Weißen Lichtnelke haben Wissenschaftler untersucht, was mit seinen Sporen passiert, wenn sie im Haarkleid von Hummeln hängen. Sie fanden heraus, dass diese erst nach und nach an weitere Blüten übertragen werden. Sogar nach 25 Blütenbesuchen waren noch zahlreiche Sporen übrig. Bei diesem Streueffekt ist die Wahrscheinlichkeit groß, dass Sporen auf einer noch nicht infizierten Pflanze landen und dort auskeimen können. Auch Regen und Wind können Sporen verbreiten, aber lange nicht so zielgerichtet und über so weite Entfernungen wie die Insekten. Einmal infiziert, bleibt die Pflanze ihr Leben lang krank. In jedem folgenden Jahr werden alle Blüten in den männlichen Blütenorganen statt Pollen wieder die schwarzen Sporen des Pilzes präsentieren. Somit ist die Pflanze kastriert, sie hat keine Möglichkeit mehr, ihr Erbgut über Pollen auf eine weibliche Narbe zu übertragen.

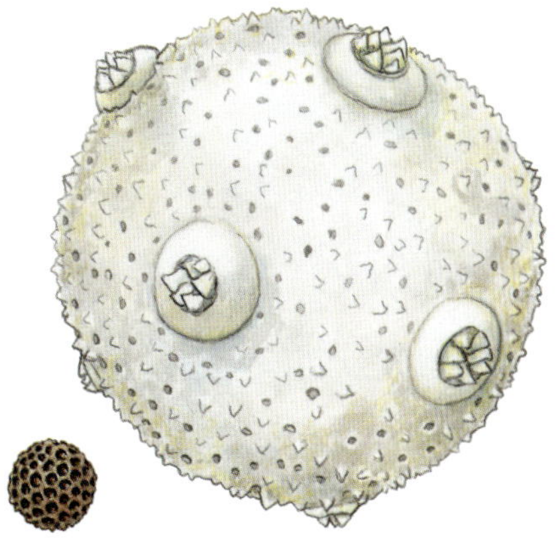

Oben: Durch die dunklen Sporen des Brandpilzes wirken die 2–2,5 cm breiten Blüten wie mit Ruß bestäubt.

Rechts: Die braunen Sporen des Brandpilzes sind mit 7–8 µm viel kleiner als die hellen, knapp 50 µm großen Pollenkörner des Seifenkrauts. Sie ähneln ihnen aber in der Form.

## Versklavte Lichtnelken

Viele andere Nelkengewächse können von nah verwandten Antherenbrandpilzen befallen werden. Achten Sie einmal darauf, ob Sie Rote Lichtnelken *(Silene dioica)* oder Weiße Lichtnelken *(Silene pratensis)* mit rußgeschwärzten Blüten finden. Diese Pflanzen sind zweihäusig, es gibt männliche und weibliche Exemplare. Die dickbauchigeren weiblichen Blüten besitzen keine Staubblätter, sollten also auch keine Brandpilzsporen freisetzen können. Dem Pilz gelingt es aber, sogar die weibliche Pflanze zu manipulieren. In den Blüten verkümmern die Fruchtknoten, stattdessen wachsen Staubblätter. Diese Geschlechtsumwandlung bringt aber nur dem Pilz etwas – er hat nun die Behälter für seine Sporen. Die Pflanze dagegen kann keine Samen mehr ausbilden. Sie steht ihr Leben lang – oft noch über Jahre hinweg – nur noch im Dienste des Pilzes.

Nur scheinbar Zwitterblüten: Diese einst weiblichen Blüten der Weißen Lichtnelke haben je zehn Staubblätter entwickelt, die unzählige Brandsporen freisetzen. Linke Blüte aufpräpariert.

*Rumex obtusifolius*
Knöterichgewächse
*(Polygonaceae)*

# Stumpfblättriger Ampfer

## Die Pflanze

Diese sehr konkurrenzstarke Staude macht sich häufig auf Wiesen und Schuttplätzen sowie Wegrändern breit. Ihre unteren Blätter sind bis zu 40 cm lang und bis zu 15 cm breit. Viele kleine grünliche oder rötliche Blütenknäuel bilden eine große Blütenrispe, die sich zwischen Mai und August öffnet. Die Blütenblätter bleiben um die dreikantigen Nussfrüchte erhalten. Die drei inneren vergrößern sich. Sie tragen Zähne, mit denen sie wie kleine Kletten an Tieren hängen bleiben. Wenigstens eines bildet außerdem eine an eine Blase erinnernde lufthaltige Schwiele, sodass die Früchte auch schwimmen können.

## Durchsiebte Blätter

April–Oktober

Der **Grüne Ampferblattkäfer** *(Gastrophysa viridula)* gehört zu den häufigsten und am einfachsten zu findenden Blattkäfern. Vor 100 Jahren lebte er noch hauptsächlich in den Alpen, besonders auf dem Alpen-Ampfer *(Rumex alpinus)* rund um Sennhütten. Im Lauf des 20. Jahrhunderts breitete er sich besonders entlang der Flüsse aus und befrisst seither

Mit einer Höhe bis zu 1,2 m überragt der Ampfer viele andere Wiesenpflanzen.

in meist drei Generation pro Jahr großblättrige Ampferarten in ganz Mittel- und Nordeuropa. Mehr oder weniger stark durchlöcherte Ampferblätter gehen meist auf sein Konto. Forscher haben sich intensiv mit der Fresslust des Käfers auseinandergesetzt. Dabei haben sie festgestellt, dass seine Larven bereits an ihrem ersten Lebenstag mehr als das Zehnfache ihres Eigengewichts fressen. Während der Gesamtentwicklung vertilgt jede von ihnen 4–4,5 cm² Ampferblätter. Da kann die Nahrung schon einmal knapp werden. Die Larven produzieren deshalb eine Abwehrsubstanz, das Iridoid Chrysomelidial, das sie nicht nur vor Fressfeinden, sondern auch vor den eigenen Artgenossen schützt: In Experimenten hielt das Sekret die Weibchen der eigenen Art über 18 Stunden von der Eiablage auf den Blättern ab – so bleibt die Anzahl Larven auf einem Blatt meist auf ein vertretbares Maß begrenzt. Außerdem hemmte es die Imagines am Fressen und schaltete so deren gefräßige Konkurrenz aus. Immerhin ernährt sich ein Männchen während seines Lebens von 10–30 und ein Weibchen von 70–100 cm² Blattmaterial. Der Käfer frisst gelegentlich auch an einigen anderen Pflanzenarten – optimal entwickelt er sich aber nur auf Ampfer.

Der 4–7 mm lange Grüne Ampferblattkäfer glänzt je nach Lichteinfall gold- bis blaugrün. Bei den Weibchen schwillt der Hinterleib zur Eireife blasig an.

## Kleiner Trost

So massiv, wie der Grüne Ampferblattkäfer seinen Wirt befällt, scheint die Pflanze zunächst nur im Nachteil zu sein. Doch Forscher haben herausgefunden, dass der Fraß des Blattkäfers die Pflanzen resistenter gegen Pilzinfektionen macht. Zumindest der **Ampfer-Rost** *(Uromyces rumicis)* geht massiv zurück. Auch nicht befressene Blätter sind weniger anfällig gegen diesen Rostpilz. Selbst der auf den Ampfer spezialisierte **Sauerampfer-Spitzmausrüssler** *(Perapion violaceum)* kann sich weniger gut fortpflanzen, wenn bereits Ampferblattkäfer die Pflanze erobert haben, obwohl er nicht auf den Blättern, sondern in den oberen Bereichen der Stängel frisst. Er ist ca. 3 mm groß und besitzt grünlich blaue, metallisch glänzende Flügeldecken. Ein Verwandter von ihm, der **Mennigrote Ampfer-Spitzmausrüssler** *(Apion frumentarium),* hat sich auf die tieferen Pflanzenteile spezialisiert. Er legt seine Eier einzeln in die Mittelnerven der unteren Blätter oder in den Wurzelhals und lässt diese dadurch zu Gallen anschwellen.

Das Weibchen des Grünen Ampferblattkäfers legt während seines Lebens von etwa 35 Tagen bis 1200 Eier in Gruppen von 30–40 Stück auf die Blattunterseiten.

## Saugen statt nagen

April-Nov. Die häufige **Lederwanze** *(Coreus marginatus)* verbringt einen Teil ihres Lebens auf Ampfer- und Knötericharten, in Gärten häufig auch auf Rhabarber. Besonders im Mai oder Juni lässt sie sich oft gemeinsam mit dem Ampferblattkäfer auf der Suche nach Eiablageplätzen beobachten. Die jungen Larven saugen meist an Blättern von Knöterichgewächsen, ältere Larven und Imagines an deren Früchten und auf vielen anderen Pflanzen, besonders Rosengewächsen wie Himbeere, Brombeere sowie Korbblütlern.

### Soziales Netzwerk

Sowohl die schwarzen Larven wie auch die Imagines des Grünen Ampferblattkäfers fressen fast nur das Blattgewebe zwischen den Adern. Dies hängt nicht unbedingt damit zusammen, dass die Blattadern zu hart oder ungenießbar wären. Gerade bei großen Blättern wie denen des Ampfers ist es für den Vegetarier von Vorteil, wenn er die Leitbündel nicht unterbricht. Sonst verwelkt der Teil, den der Käfer morgen noch fressen könnte. Und der Käfer würde auch seinen Artgenossen weiter vorne auf dem Blatt den Saft abdrehen – für den Arterhalt eine Katastrophe.

Oben: Obwohl er nur ca. 4 mm groß ist, fällt der Mennigrote Ampfer-Spitzmausrüssler dank seiner leuchtenden Farbe auf. Er lässt sich sofort fallen, wenn er sich bedroht fühlt.

Unten: Der parasitische Schlauchpilz *Ramularia* sp. führt auf Ampferblättern häufig zu unregelmäßigen, rot bis braun berandeten Flecken mit hellem Innenhof.

Oben: Die 13–16 mm lange Lederwanze verspritzt bei Gefahr eine Flüssigkeit, die unsere Haut braun färbt.

Unten: Die frühen Larven der Lederwanze tragen Dornen, die sie vor Fressfeinden schützen.

Rechte Seite: Die Sonnentaublätter mit den 10–15 mm breiten Spreiten bilden Rosetten von 2–10 cm Durchmesser.

*Drosera rotundifolia*
Sonnentaugewächse
*(Droseraceae)*

# Rundblättriger Sonnentau

## Die Pflanze

An feuchten Stellen in Hochmooren schmiegen sich die Rosetten der fleischfressenden Pflanze an das Torfmoos, das wie ein Schwamm mit Wasser getränkt ist. Die rundlichen Spreiten der gestielten Blätter tragen glänzende Tentakel. Ihr Glitzern lockt Insekten an. Die rote Farbe der Tentakel spielt hierbei keine Rolle. Aus der Mitte der Rosette schiebt sich zwischen Juni und August der Blütenstand und hebt die weißen Blüten weit über die Rosette empor. So können kleine Zweiflügler gefahrlos anfliegen und die Blüten bestäuben. Meist bleiben die Blüten jedoch geschlossen und bestäuben sich selbst. Die Kapselfrüchte öffnen sich mit Längsspalten und übergeben ihre staubfeinen Samen dem Wind.

## Der Fänger im Moor

Mai–Oktober

Der Sonnentau wächst an Orten der Extreme: Von oben brennt die Sonne auf ihn, unten steht er im Wasser, und dieses ist so sauer wie Sauerkraut und enthält kaum Nährstoffe. Der Überfluss an Wasser ermöglicht es ihm jedoch, die schleimigen Tröpfchen auf seinen Tentakeln immer feucht zu halten. Die Schleime aus Mehrfachzuckern sind zwar klebrig, aber lange nicht so stark wie Baumharze. Nur kleine Insekten bleiben fest daran kleben. Forscher gehen davon aus, dass es eine wichtige Triebfeder der Evolution bei fleischfressenden Pflanzen war, auch größere Insekten festzuhalten. Der Sonnentau erreichte dies mit beweglichen Tentakeln und sich einkrümmenden Blättern. Bei einigen Arten kann die Spreite das Tier sogar richtig einwickeln. Dem Rundblättrigen Sonnen-

tau gehen jedoch fast ausschließlich Milben, kleine Mücken und Fliegen, Läuse, Kleinschmetterlinge und andere kleine Gliederfüßer auf den Leim. Selbst der ebenfalls bei uns heimische Mittlere Sonnentau *(Drosera intermedia)* fängt mit seinen längeren Fangblättern nur selten große Insekten wie Heuschrecken oder Libellen.

Schon Darwin hatte beobachtet, dass die Tentakel erst nach rund 24 Stunden auf tote Tiere reagieren. Lebende Insekten dagegen stoßen mit mechanischen und chemischen Reizen innerhalb von Minuten eine Folge von Reaktionen an: Elektrische Potenziale, ähnlich jenen unserer Nervenzellen, laufen von den Tentakeln zur Blattfläche und kurbeln bestimmte pflanzliche Hormone (Jasmonsäure und andere) an. Die randlichen Tentakel krümmen sich nach innen, leimen die Beute von allen Seiten und drücken sie wie mit Fäusten in Richtung Blattzentrum. Langsam krümmt sich das Blatt um das gefangene Insekt herum. Außer Schleim bilden besonders die Tentakel im Zentrum auch Verdauungsenzyme. So braucht die Pflanze keine Bakterien, die ihr die Nährstoffe aus dem Insekt aufschließen. Im Gegenteil: Ihre Tentakelflüssigkeit tötet Bakterien innerhalb weniger Stunden ab. Die hierfür verantwortlichen Naphthochinone wehren auch pflanzenfressende Insekten ab: Kein einziges Tier wohnt dauerhaft auf Sonnentaublättern. Gegen Beutediebstahl ist die fleischfressende Pflanze allerdings nicht gefeit: Biologen haben herausgefunden, dass rund 70 % der von ihr gefangenen Tiere von Ameisen geklaut werden. Trotzdem gewinnt der Rundblättrige Sonnentau etwa 50 % seines Stickstoffbedarfs aus kleinen Tieren. Fangblätter betreiben aber weniger Fotosynthese als normale Blätter. An seinen sonnigen Standorten schränkt dies den Rundblättrigen Sonnentau nicht ein – es erklärt aber, warum er schattige Standorte meidet.

Erst wenn die Beute verdaut ist, kehren die Tentakel in ihre ursprüngliche Position zurück – und warten auf ein neues Opfer.

*Lysimachia vulgaris*
Primelgewächse
(*Primulaceae*)

# Gewöhnlicher Gilbweiderich

## Die Pflanze

Die bis zu 1,5 m hohe Staude gedeiht an Gräben, in lichten Auenwäldern und auf Feuchtwiesen. Die Blätter sitzen gegenständig oder zu 3–4 in Quirlen angeordnet an den aufrechten Stängeln. Die gelben, fünfzipfeligen Blüten bilden eine endständige Rispe. Ihre Staubfäden sind zu einer Röhre verwachsen. Die Kapselfrüchte öffnen sich mit fünf Klappen und streuen ihre schwimmfähigen Samen mit dem Wind oder vorbeistreifenden Tieren aus.

## Spezialnahrung

Juli–August

Fast alle blütenbesuchenden Insekten lassen den Gilbweiderich links liegen, denn die Blüten bieten keinen Nektar. Ab und zu fressen Schwebfliegen am Pollen. Als eine Besonderheit tragen die Blüten an der Basis der Staubblätter Drüsen, die prall mit fettem Öl gefüllt sind. Es gibt bei uns zwei spezialisierte Wildbienenarten, die auf dieses Öl angewiesen sind und regelmäßig an den Blüten auftauchen: Die **Sumpf-Schenkelbiene**

Links: Die sehr zahlreichen Blüten öffnen sich von Juli bis August.

Rechts: Die Bienenweibchen spreizen beim Besuch der Blüten die Hinterbeine weit ab. Wahrscheinlich wehren sie damit paarungswillige Männchen ab, die um die Pflanzen patrouillieren.

Oben: Zwischen den Sammelhaaren auf den Hinterschenkeln vermischen sich Öl und Pollen zu einem fettartig glänzenden Klumpen.

Unten links: Häufig fressen die Afterraupen der Blattwespe *Monostegia abdominalis* an den Blättern. Gelegentlich ernähren sie sich auch von den anderen Gilbweidericharten sowie von Gauchheil, einem anderen Primelgewächs.

Unten rechts: Das Weibchen dieser Blattwespe hat einen dottergelben Hinterleib.

*(Macropis europaea)* und die **Wald-Schenkelbiene** *(Macropis labiata)*. Für ihre eigene Ernährung saugen sie Nektar aus unterschiedlichen Blüten. Doch schon zur Paarung treffen sich die etwa 1 cm großen Tiere auf den Blüten des Gilbweiderichs. Anschließend ist das Weibchen für die Anlage der Brutzellen in gut versteckten, selbst gegrabenen Hohlräumen in der Erde zuständig. Es kleidet diese sorgfältig mit Gilbweiderich-Öl aus, das es mit Drüsensekreten vermischt hat. In die fertige Brutzelle trägt das Weibchen eine Mischung aus Pollen und Öl als Larvennahrung ein. Dazu erntet es den Pollen mit dem Bauch und überträgt ihn im Flug zusammen mit dem Öl auf die Haarbürsten der Hinterbeine. Zum Sammeln des Öls sitzen innen an den Vorder- und Mittelfüßen Haarpolster, die wie Schwämme wirken. Nachdem die Biene ein Ei auf das Larvenbrot gelegt hat, verschießt sie die Zelle und legt die nächste an.

Durch die Spezialisierung sind Biene und Pflanze zwar stark voneinander abhängig, sie profitieren jedoch auch voneinander: Die Biene bekommt mit dem Öl nicht nur eine sehr energiereiche Nahrung, sondern auch die Basis für ein wasserabweisendes Imprägniermittel, das die Brutzellen vor Pilzinfektionen schützt. Für die Pflanze ist es von Vorteil, dass eine Biene viele Blüten besuchen muss, um ausreichend Öl für den Nachwuchs zusammenzutragen. So bestäubt sie zuverlässig die Blüten.

Neben dem Gewöhnlichen Gilbweiderich kommen auch der Punktierte Gilbweiderich *(Lysimachia punctata)* und das Pfennigkraut *(Lysimachia nummularia)* als Öllieferanten für die beiden Bienenarten infrage. Sie wachsen in Gärten beziehungsweise Wäldern. Während die Sumpf-Schenkelbiene als Bewohnerin von Feuchtgebieten meist die hier vorgestellte Art nutzt, bevorzugt die etwa zwei Wochen früher erscheinende Wald-Schenkelbiene die beiden anderen Arten.

Experimente zeigten, dass die Bienen den Gilbweiderich vor allem an seinem spezifischen Duft erkennen. Erst beim zielgenauen Anflug der Blüten spielt das Aussehen eine Rolle. Sicher hängt dies damit zusammen, dass Bienen Düfte zum Teil über Strecken von bis zu einem Kilometer wahrnehmen. Farbe und Form einer einzelnen Blüte dagegen können sie erst unterscheiden, wenn sie näher als einen Meter herangekommen sind.

# Rührmichnichtan

*Impatiens noli-tangere*
Balsaminengewächse
*(Balsaminaceae)*

## Die Pflanze

Das einjährige Kraut gedeiht an feuchten Waldstandorten, Schlucht- und Auwäldern. An den Rändern seiner unbenetzbaren Blätter sitzen Wasserspalten. Über diese scheidet das saftige Gewächs an luftfeuchten Standorten aktiv Wasser ab (Guttation). So sorgt es für einen Flüssigkeitsstrom in seinen Leitbündeln, damit auch ohne Verdunstung die notwendigen Nährstoffe von den Wurzeln in die Blätter gelangen. Die 20–35 mm langen Blüten öffnen sich zwischen Juni und Oktober. Ihr Rachen verjüngt sich in einen langen, dünnen Sporn. Insekten, die auf reguläre Weise an den Staubblättern und der Narbe vorbei in die Blüte vordringen, können den Nektar nur erreichen, wenn ihr Rüssel lang genug ist. Als Bestäuber kommen zum Beispiel die **Gartenhummel** *(Bombus hortorum)* und die **Steinhummel** *(Bombus lapidarius)* infrage. Der Sporn besitzt jedoch nur eine dünne Wand. So fällt sein Inhalt oft Nektarräubern zum Opfer. Da es mit der Bestäubung nicht immer klappt, die einjährige Pflanze jedoch nur mittels Samen ihren Fortbestand sichern kann, fährt sie zweigleisig: Sie bildet zusätzlich zu den normalen Blüten noch kleine, geschlossen bleibende Blüten, die sich selbst bestäuben. Die prallen Kapselfrüchte reißen bereits bei leichter Berührung auf und schleudern die Samen bis zu 3 m weit.

## Verfressene Gäste

Juni–September

Steht das Rührmichnichtan an luftfeuchten Standorten, beherbergt es oft Afterraupen der **Springkrautblattwespe** *(Siobla sturmi)*. Diese fressen die Blätter von den Rändern her ab und können Pflanzen kahl fressen, bevor sie sich zur Verpuppung in den Boden zurückziehen. Offensichtlich machen ihnen die nadelförmigen Oxalatkristalle nichts aus, mit denen die Pflanze versucht, Fressfeinde abzuhalten.

Die Afterraupen nützen ihre vegetarische Kost nur schlecht aus. So produzieren sie reichlich Kot. In den Verdauungspausen verstecken sie sich nicht, sondern rollen sich auf dem Blatt zusammen. Bei Störung lassen sie sich meist fallen. Sie können jedoch auch Körpersaft aus seitlichen Poren gegen Angreifer spritzen. Die Wachsschicht, die ihre Kutikula überzieht, hilft gegen kleine Feinde und sorgt gleichzeitig dafür, dass die Körperoberfläche trocken bleibt und Krankheitserreger sich nicht ansiedeln können. Die Larven tun gut daran, sich gegen Angreifer zu schützen: Afterraupen stehen auf dem Speisezettel vieler Vögel, aber auch Mäuse und Amphibien verschmähen sie nicht. Schlupfwespenlarven fressen sie von innen her auf. Räuberische Käfer greifen sie ebenso an wie Raubspinnen und Raupenfliegen.

Oben: Viele Hummeln beißen den Sporn von außen an und gelangen so an den Nektar.

Unten: Ist bereits ein Loch im Sporn vorhanden, nutzen auch Bienen diesen Hintereingang zum Nektar.

Oben: Bis zur letzten Häutung erinnert die Afterraupe der Springkrautblattwespe mit ihren weichen Fleischzapfen an eine Meeresnacktschnecke.

Unten: Ihre Imago ist ca. 1 cm groß und wirkt ziemlich plump. Sie fliegt hauptsächlich im Juni.

*Impatiens glandulifera*
Balsaminengewächse
*(Balsaminaceae)*

# Drüsiges Springkraut

## Die Pflanze

Die einjährige Pflanze kam im 19. Jahrhundert als Neophyt aus dem Himalaja als Gartenzierpflanze und Bienenweide zu uns. Sie verwilderte und breitet sich immer noch weiter an Bachufern und in feuchten Wäldern aus. Ihre bis zu 2 m hohen Stängel tragen gegenständige, oben oft quirlständige Blätter, an deren Stiel sich gestielte Nektardrüsen befinden. Die Blütenblätter der meist rotvioletten, seltener fast weißen Blüten bilden einen weiten Helm, der in einem gekrümmten, gelblichen Sporn endet. Wenn die keulenförmigen Kapselfrüchte reif sind, explodieren sie von selbst oder bei leichter Berührung und schleudern die Samen bis zu 7 m weit weg.

## Berührungsängste

Pflanzen, die neu bei uns Fuß fassen, kommen meist ohne ihre Bewohner zu uns – wie Migranten, die alles zurückließen. Am neuen Ort bieten sie meistens nicht so vielen Besiedlern einen Lebensraum wie die dort heimischen Gewächse. Diese konnten über eine lange Zeit eingespielte Partnerschaften bilden oder sich in Nahrungsketten eingliedern. Den angestammten Bewohnern heimischer Pflanzen geht es ähnlich wie uns mit fremdsprachigen Zuwanderern: Wenn es nicht notwendig ist, nehmen wir kaum Kontakt mit ihnen auf. Wir schätzen diese «Berührungsängste» in der Natur, wenn wir fremdländische Gartenpflanzen kultivieren und diese weitgehend frei von «Schädlingen» bleiben. Andererseits verfluchen wir sie, wenn sich eine fremde Pflanze unbeschadet über Gebühr ausbreitet und heimische Arten verdrängt.

Juli–September

Bei den dichten Beständen an Drüsigem Springkraut, die mittlerweile jedes Jahr bei uns sprießen, ist es spannend, danach zu suchen, welche alteingesessenen Organismen diese Pflanze schon erobert haben: Neben verschiedenen Bienen und Hummeln, die den reichlichen Nektar schätzen, gehören auch pflanzenfressende Insekten dazu, allen voran die **Springkraut-Minierfliege** *(Phytoliriomyza melampyga)* und die Raupe des **Mittleren Weinschwärmers** *(Deilephila elpenor)*. Dass diesen auch das Drüsige Springkraut schmeckt, erhöht für sie das Angebot an Futterstellen. Bei der **Springkrautblattwespe** (*Siobla sturmi*, siehe linke Seite) entdeckte ein Biologe im Jahr 2005 erstmals in Süddeutschland Larven auf dem Drüsigen Springkraut, also viele Jahrzehnte nachdem sich die Pflanze eingebürgert hat. In diesem Fall kam dazu, dass der Neophyt zuerst Fluss- und Bachufer besiedelte, bevor er in die feuchten Wälder vorstieß, in der diese Blattwespe ihre Reviere hat.

Links: Bienen und Hummeln mit kurzem Rüssel können ganz in den großen Bauch der Blüte kriechen und von dort Nektar aus dem kurzen Sporn saugen.

Rechts: Die Raupen des Mittleren Weinschwärmers haben die neue Nahrungsquelle als gleichwertig zu den Weidenröschen (siehe Seite 128) und zum Rührmichnichtan akzeptiert. Vielleicht können wir diesen schönen Nachtschmetterling und seine faszinierenden Raupen in Zukunft häufiger beobachten.

Linke Seite: Die bis zu 4 cm langen zygomorphen Blüten öffnen sich von Juli bis September.

Die hübsche, ca. 2 mm große Springkraut-Minierfliege (rechts) bevorzugt zwar noch das heimische Rührmichnichtan *(Impatiens noli-tangere)*, ihre Larven fressen sich aber auch erfolgreich durch die Blätter des Drüsigen Springkrauts (links).

# Weiße Schwalbenwurz

*Vincetoxicum hirundinaria*
Hundsgiftgewächse
*(Apocynaceae)*

## Die Pflanze

Die Staude bildet an steinigen, trockenen Orten lockere Herden mit unverzweigten Stängeln. Die gegenständigen Blätter sind dunkelgrün und lang zugespitzt. Die etwas nach Fisch riechenden, 3–8 mm breiten Blüten öffnen sich von Juni bis August in kleinen gestielten Knäueln in den oberen Blattachseln. Sie locken vor allem Fliegen an. Anstatt einzelne Pollenkörner abzugeben, sind diese zu Pollinarien verbunden: Die Inhalte zweier benachbarter Staubbeutel hängen so beieinander, dass sich der Fuß oder Rüssel eines Blütenbesuchers wie in einem Falleisen verhaken kann. Nur wenn er kräftig ist, gelingt es ihm, ihn mitsamt des Pollinariums wieder herausziehen. Wer zu schwach ist, verendet in der Falle. Die Frucht besteht aus zwei ca. 5 cm langen Balgfrüchten. Sie entlassen Samen mit langem Haarschopf.

März-Oktober

## Giftige Ritter

Auf den ersten Blick ähnelt die farbenprächtige **Ritterwanze** *(Lygaeus equestris)* der Feuerwanze (siehe Seite 114). Sie gehört aber zu einer anderen Wanzenfamilie, den Bodenwanzen, und hat sich auf giftige Pflanzen spezialisiert, die auf Trockenrasen wachsen. Ihre Larven ernähren sich zu Beginn nur von der glykosidhaltigen Schwalbenwurz oder dem Frühlings-Adonisröschen *(Adonis vernalis)* mit verwandten Inhaltsstoffen. Ältere Larven und Imagines wechseln auch auf Löwenzahn und andere Kräuter. Sie saugen am liebsten an den Samen. Nach etwa 40 Tagen sind sie ausgewachsen und können davonfliegen. Die Imagines überwintern am Boden oder unter Baumrinden. Oft kommen sie ähnlich wie die Feuerwanzen schon im März aus dem Winterquartier, sonnen sich und paaren sich von März bis Juli. Das Weibchen legt seine Eier über einen längeren Zeitraum in kleinen Gruppen am Boden ab. Junge Larven sitzen von Juni bis Oktober an den Pflanzen.

Das Sekret, das diese Wanzen abgeben, um ihre Partner anzulocken, riecht auch für unsere Nasen eher angenehm. Im Gegensatz zu vielen anderen Wanzen halten sie sich ihre Fressfeinde nicht mit stinkenden Parfümwolken vom Leib. Hierzu haben sie neben der Warnfarbe eine wirkungsvollere Waffe: Die jungen Larven nehmen die giftigen Glykoside aus den Futterpflanzen auf und reichern sie im Körper an. Sie bleiben über alle Larvenstadien erhalten und verwandeln die erwachsenen Tiere in giftige Ritter.

Wer erfolgreich ist, ist selten allein. So gibt es bei den Bodenwanzen weitere Arten, die nicht nur allgemein Gift und Warnfärbung kombinieren, sondern ihre chemischen Waffen den Hundsgiftgewächsen verdanken. Die **Schwalbenwurzwanze** *(Tropidothorax leucopterus)* saugt bevorzugt an deren Blättern. Die nur etwa 5 mm große **Felsflur-Bodenwanze** *(Horvathiolus superbus)* bezieht ihr chemisches Arsenal außer aus der Schwalbenwurz auch aus den Samen des Fingerhuts *(Digitalis purpurea)*. Der **Knappe** *(Spilostethus saxatilis)*, bei dem bereits die Larven außer auf Schwalbenwurz auch auf Herbst-Zeitlose *(Colchicum autumnale)*, verschiedenen Doldenblütlern und Korbblütlern vorkommen, dürfte je nach Fraßpflanze unterschiedlich giftig sein.

## Wandernde Dornen

Mai–August

Häufig lässt sich auf der Schwalbenwurz die **Dornzikade** *(Centrotus cornutus)* beobachten. Sie ist jedoch nicht auf diese Pflanze spezialisiert, sondern sticht mit ihrem Saugrüssel besonders auch Disteln, Brennnesseln, Weiden und Brombeeren an. Im Gegensatz

Der schon aus der Ferne auf den Pflanzen erkennbare Blaue Schwalbenwurz-Blattkäfer *(Eumolpus asclepiadeus)* frisst ausschließlich auf der Schwalbenwurz. Er wird 8–10 mm groß.

zu den Schaumzikaden (siehe Seite 132) saugt die Dornzikade aus dem Phloem. Dessen Saft ist zwar nahrhafter, würde aber bei Ernährungsberatern durchfallen: Er hat viel zu viel Zucker. Ähnlich wie Blattläuse scheidet die Zikade deshalb den Überfluss mit dem Kot wieder aus. Damit sie nicht an der klebrigen Zuckerbrühe erstickt, fährt sie ihr Hinterende wie ein Teleskop aus, wirbelt es herum und schleudert so den Kot weit weg. Das Weibchen legt seine Eier in einen Schlitz an der Pflanze. Die Larven leben vorwiegend in Bodennähe an den Stängeln und überwintern auch dort. Ab Anfang Mai tauchen dann die ersten neuen Imagines an den höheren Pflanzenteilen auf.

Links: Die knapp 1 cm große Dornzikade trägt am Halsschild zwei seitliche Hörner und einen bogigen, bügelartigen Fortsatz nach hinten.

Rechts: Die Zeichnung der ca. 11 mm großen Ritterwanze erinnert an das Symbol der Kreuzritter. Typisch für sie ist außerdem der weiße Punkt auf dem hinteren Flügelteil.

Oben: Die wärmeliebende Schwalbenwurzwanze breitet sich vom Mittelmeerraum immer weiter nach Norden aus.

Unten: Der Knappe lebt auch an feuchten Standorten. Hier sitzen Larven und Imagines an der Sumpf-Kratzdistel *(Cirsium palustre)*.

# Labkraut

*Galium* spp.
Rötegewächse
*(Rubiaceae)*

## Die Pflanzen

Labkräuter lassen sich leicht an den zu 4–12 in Quirlen stehenden Blättern erkennen. Die Kronen der kleinen Blüten haben vier Zipfel. Bei den meisten Arten sind sie weiß, beim Echten Labkraut *(Galium verum)* jedoch gelb. Die Früchte zerfallen in zwei einsamige, meist kugelige Teilfrüchte. Bei vielen Arten tragen die Haare Widerhaken, sodass sie an Tieren haften bleiben.

## Schwärmerparadies

Juni–September

Das Weibchen des **Taubenschwänzchens** (*Macroglossum stellatarum,* siehe Seite 136) legt bis zu 200 hellgrüne Eier an die Blütenknospen verschiedener Labkräuter – je Pflanze nur ein einziges Ei. Der Schwärmer verharrt dabei im Schwirrflug vor der Pflanze. Die Raupen fressen zu Beginn besonders die Blüten, später auch die Blätter ihrer Wirtspflanze. Unter günstigen Bedingungen verpuppen sie sich bereits nach etwa 20 Tagen an der Basis der Pflanze oder am Boden. Etwa drei Wochen später schlüpft der Schmetterling.
Viel seltener sitzen von Juli bis September die Raupen des nah verwandten **Labkrautschwärmers** *(Hyles gallii)* an warmen Standorten an den Pflanzen. Sie sind olivgrün mit schwarzen Augenflecken oder schwarz mit hellen Augenflecken und rotem Kopf. Tagsüber verbergen sie sich meist auf der Blattunterseite oder an der Basis der Pflanze. Anders, als ihr Name vermuten lässt, fressen sie außer Labkräutern auch an Weidenröschen (*Epilobium* spp.), Zypressenblättriger Wolfsmilch *(Euphorbia cyparissias)*, Rührmichnichtan *(Impatiens noli-tangere)* und anderen Pflanzen.

## Behäbige Gesellen

März–Oktober

Der **Tatzenkäfer** oder **Labkraut-Blattkäfer** *(Timarcha tenebricosa)* ist mit 15–20 mm Körperlänge der größte Blattkäfer Europas. Haben Sie an einem trockenen Standort auf dem Wiesen-Labkraut oder dem Echten Labkraut einen dieser Gesellen entdeckt, können Sie sich Zeit lassen, ihn zu beobachten. Er hat keine Flügel und seine harten Flügeldecken sind zusammengewachsen, sodass er nicht wegfliegen kann. Auch zu Fuß hat er es nicht eilig. Majestätisch wie die im wissenschaftlichen Namen erwähnten Timarchen, hohe Beamte im griechischen Altertum, bewegt er sich in Zeitlupe vorwärts. Ausgewachsene Tiere krabbeln oft schon an warmen Märztagen durch die trockene Vegetation und fressen bis in den Oktober an Labkräutern. Erste Larven nagen ab April an den Pflanzen, doch können auch im September noch Larven dort sitzen. Sie verpuppen sich im Boden. Die Tiere überwintern je nach Anzahl der Generationen im Jahr als Imagines oder Eier.

## Achtung: Rot

Als flugunfähiges Insekt hat der Tatzenkäfer kaum eine Chance, einem Fressfeind zu entkommen. Er baut deshalb nicht auf Flucht, sondern auf Abwehr. Fühlt er sich bedroht, tritt blutrote Körperflüssigkeit aus seinem Mund und an den Beingelenken aus. Dieser Eigenheit verdankt der Käfer seinen englischen Namen «Bloody nosed beetle» – Blutnasiger Käfer. Der abscheulich bittere Geschmack des roten Safts warnt den Feind eindrücklich vor Giftstoffen. Er tut gut daran, diese Warnung ernst zu nehmen. Die Radikale, die aus den rot gefärbten Anthrachinonen entstehen, schädigen Zellen und die Erbsubstanz. Der Tatzenkäfer bildet seine Chemiewaffen nicht selbst, sondern beschlagnahmt sie vom Labkraut, das die Substanzen besonders in den Wurzeln, aber auch in den oberirdischen Teilen enthält.
Außer gegen Fressfeinde wie Vögel und Schlangen wirken die Gifte gegen Bakterien, Pilze und Viren, aber nur gegen manche Parasiten. Wissenschaftler fanden beim Tatzenkäfer unter anderem Würmer sowie Brackwespen, deren Larven sich wie die der Schlupfwespen im Körper ihres Wirtes entwickeln. Auch gegen den Menschen, der viele seiner Lebensräume zerstört oder mit Insektiziden verseucht, bleibt der Käfer wehrlos. Einmal an einem Standort verschwunden, hat er es als Fußgänger schwer, dort wieder einzuwandern.

Der Tatzenkäfer – hier auf Wiesen-Labkraut *(Galium mollugo)* – ähnelt einem Mistkäfer, ist aber an den namensgebenden breiten Fußgliedern gut zu erkennen.

Oben: Die Larve des Tatzenkäfers erinnert an einen schwarz gefärbten Engerling. An diesem Tier hat eine Schmarotzerfliege (Familie *Tachinidae*) ein weißes, ovales Ei abgelegt.

Unten: Diese Raupe des Taubenschwänzchens sitzt auf dem Echten Labkraut. Sie zeigt das für Schwärmerraupen typische, längliche Analhorn an ihrem Hinterende.

# Gewöhnlicher Natternkopf

*Echium vulgare*
Raublattgewächse
*(Boraginaceae)*

## Die Pflanze

Die steif borstige Pflanze entwickelt im ersten Jahr eine dichte Rosette mit lanzettlichen Blättern. Im zweiten Jahr reckt sich ihr Stängel bis zu 1 m hoch und bildet einen großen, endständigen Blütenstand. Jeder seiner aufgewickelten Seitenäste rollt sich zwischen Mai und Oktober während der über viele Wochen dauernden Blütezeit nach und nach aus, bis er zur Fruchtzeit ganz gestreckt ist. Die Blüten wechseln ähnlich wie die des Lungenkrauts (siehe Seite 167) ihre Farbe von Rot nach Blau. Ihre trichterförmigen Röhren sind so weit, dass verschiedene Insekten den Nektar an ihrem Grund erreichen können. Beim Blütenbesuch landen viele der Bestäuber auf den Staubblättern, die weit aus der Krone herausragen. Dabei pudern sie ihren Bauch mit Pollen ein und streifen ihn bei der nächsten Blüte auf der Narbe ab. Der Kelch bleibt auch nach der Blütezeit stehen und umschließt die vier kleinen Teilfrüchte. Er verhakt an Tieren und kann wie eine Klette weit verschleppt werden.

Mai-Juni

## Meine Waffen sind deine Waffen

Wenn Sie ein merkwürdig zerstörtes Blatt an einem Natternkopf entdecken, lohnt es sich, nach der **Miniersackträgerart** *Coleophora pennella* zu suchen. Die Raupen dieser Motte fressen am Anfang in den jungen Samen der Pflanze. Nach dem Winter leben sie in einem Sack, den sie selbst aus einem Blattstückchen ihrer Futterpflanze zusammenwickeln. Wie eine Diva mit Pelzstola strecken sie höchstens ihren Vorderkörper heraus. Im Gegensatz zu den meisten Schmetterlingsraupen lassen sie beim Fressen die obere und untere Schicht des Blattes stehen. Die Raupen verschwinden aber nie ganz im Gewebe, sondern fressen im Tagebau vom Rand des Blattes aus flächige Minen, deren Ränder braun abwelken. Minierfliegen dagegen zeigen ein ganz anderes Fraßbild. In den Blattflächen des Natternkopfs legen zum Beispiel die Larven der **Minierfliegenart** *Agromyza abiens* wie Grubenarbeiter Stollen und flächige Höhlungen an (vergleiche Seite 44). Während sie ihre ganze Larvenzeit in der von ihnen gefressenen Mine verbringen, können sich die Raupen der Miniersackträger bei Gefahr schnell wieder ganz in ihren wehrhaften Sack zurückziehen. Dieser reckt Fressfeinden nicht nur raue Borsten entgegen, sondern enthält wie die ganze Pflanze giftige Pyrrolizidin-Alkaloide (vergleiche Seite 249). Mit etwas Glück können Sie diesen Miniersackträger und nah verwandte Arten auch auf anderen Raublattgewächsen finden.

Rechte Seite oben: Der Natternkopf gedeiht an sonnigen, steinigen Straßenrändern, auf Bahndämmen, Schuttplätzen und Felsen.

Unten links: Die borstigen Haare halten Weidetiere erfolgreich von der Pflanze fern.

Unten rechts: Die Raupe des Miniersackträgers verlässt ihren Sack auch zur Verpuppung nicht. Der Kleinschmetterling, der eine Spannweite von 15–20 mm erreicht, fliegt von Juni bis Juli.

# Echtes Lungenkraut

*Pulmonaria officinalis*
Raublattgewächse
*(Boraginaceae)*

## Die Pflanze

Das Lungenkraut gehört zu den typischen Frühjahrspflanzen in Laubmischwäldern. Die bis zu 40 cm hohen Stängel der behaarten Pflanze tragen wechselständige Blätter mit meist deutlichen, weißlichen Flecken. Die in eingerollten Blütenständen stehenden Blüten öffnen sich zwischen März und Mai. Sie ändern ihre Farbe nach 3–4 Tagen von Rot nach Blau und fallen nach rund einer Woche ab. Der röhrenförmige Kelch umgibt die Kronröhre wie ein hochgeschlossenes, borstiges Kleid und schützt sie vor Hummeln, die Nektar rauben möchten. Die dunklen Früchte tragen ein helles, knopfförmiges Elaiosom und werden von Ameisen verschleppt.

## Nektar ist nicht gleich Nektar

Als Biologen den Nektar in den Blüten des Lungenkrauts untersuchten, fanden sie bei nur 100 Pflanzen über 40 verschiedene Arten von Mikroorganismen – viel mehr, als sonst bisher bei einer Pflanzenart nachgewiesen wurden. Entsprechende Forschungen mit Nektar laufen noch nicht lange, und viele der Beobachtungen lassen sich noch nicht endgültig interpretieren. Jedenfalls müssen Bestäuber diese Vielfalt mitgebracht und abgeladen haben, als sie ihren Rüssel in die Flüssigkeit streckten. Die so entstehenden

Nur langrüsselige Insekten wie die Veränderliche Hummel *(Bombus humilis)* können den Nektar am Grund der etwa 1 cm langen Blütenröhre erreichen.

Die Anthocyanfarbstoffe in den Blütenkronen reagieren wie ein Indikator auf den Säuregehalt im Gewebe. Das Rot junger Blüten zeigt «sauer» an, das Blau älterer Blüten «basisch».

Wohngemeinschaften im Nektar können sich von Pflanze zu Pflanze und von Population zu Population unterscheiden.

Die Mikroorganismen nehmen Zucker und weitere Stoffe aus dem Nektar auf und scheiden je nach Art andere Stoffwechselprodukte wie Säuren oder Alkohol aus. So schmeckt Nektar selbst innerhalb einer Pflanzenart immer wieder anders. Merken das die Bestäuber? In einem Test mieden Honigbienen künstlichen Nektar, in dem eine von drei Bakterienarten wuchs. Sie bevorzugten stattdessen einen Hefetrank mit der **Nektarhefe** *Metschnikowia reukaufii.* Dieser war weniger sauer und enthielt andere Zucker.

Im Nektar des Lungenkrauts fanden die Forscher jedoch meistens Bakterien und nur selten Hefen. So sollte man eigentlich erwarten, dass die Bestäuber junge, frisch geöffnete Blüten bevorzugen, in denen noch keine oder höchstens eine geringe Besiedlung durch Bakterien zu erwarten ist. Zumindest die **Frühlings-Pelzbiene** *(Anthophora plumipes)* hält sich aber nicht an diese Theorie: Sie besucht sowohl die roten als auch die blauen Blüten. Diese häufige Bestäuberin des Lungenkrauts erinnert mit ihrer starken Behaarung an eine Hummel. Sie fliegt ab Anfang April bis in den Juni und sammelt Nektar und Pollen von vielen verschiedenen Pflanzen. Ihre Brutzellen legt sie in selbst gegrabene Hohlräume in der Erde.

Die langfühlerigen Männchen der Mai-Langhornbiene *(Eucera nigrescens)* erscheinen 3–4 Wochen vor den Weibchen und besuchen oft Lungenkrautblüten. Pollen für den Nachwuchs sammelt diese Bienenart später von Schmetterlingsblütlern.

*Symphytum officinale*
Raublattgewächse
*(Boraginaceae)*

# Gewöhnlicher Beinwell

## Die Pflanze

Die rau behaarte Staude gedeiht an Flussufern, auf feuchten Wiesen und Wegrändern. Ihre lanzettlichen Blätter laufen wie Flügel an den Stängeln herab. Die Blüten öffnen sich von Mai bis Juli in zu Beginn eingerollten Blütenständen. Sie haben einen kurzen, abspreizenden Kelch und eine 1–2 cm lange, röhrenförmige Krone. Diese ist gelblich weiß, rot- oder blauviolett gefärbt. Der Kelch vergrößert sich nach der Blüte und umgibt die vier glänzend schwarzen Teilfrüchte. Diese tragen je ein Elaiosom und können von Ameisen verschleppt werden.

## Fremde Bisse

Mai-Juli

Die Blüten des Beinwells schützen sich nicht so gut wie die des Lungenkrauts (siehe Seite 166) gegen Nektarräuber. Diese können ungehindert von der Seite einbrechen.

Links: Oft sind die hängenden Blüten bereits kurz nach dem Öffnen seitlich angebissen.

Rechts: Schon nach kurzer Zeit färbt sich das Gewebe um die Bissstellen braun.

Deshalb weisen viele Beinwellblüten direkt über dem Kelch ein Loch in der Kronröhre auf, das kurzrüsselige Hummeln hineingebissen haben. Auch Honigbienen haben es nun einfach, ihren Rüssel in den Nektar zu tauchen.

## Treue Sauger

April-Oktober

Mit ihren borstigen Haaren und Giftstoffen (Pyrrolizidin-Alkaloide, siehe Seite 249) wehrt die Pflanze eine ganze Reihe von Fressfeinden ab. Kaum ein Weidetier rührt die Pflanze an, und es gibt auch nur wenige Insekten, die sich von ihr ernähren.

Ein Spezialist auf dem Beinwell ist die weit verbreitete, nicht einmal 4 mm große **Beinwell-Gitterwanze** *(Dictyla humuli)*. Mit der Lupe betrachtet, zeigt sie ein ähnlich filigranes Muster wie die Edelgamander-Netzwanze (siehe Seite 178), mit der sie verwandt ist. Die überwinternden Tiere suchen ab April ihre Wirtspflanzen auf und saugen dort besonders an den Blattunterseiten und Knospen. Dabei hinterlassen sie kleine, hellere Flecken im Gewebe, da dieses an den Einstichstellen abstirbt. Nachdem sich die Wanzen gepaart haben, legen die Weibchen ihre Eier gruppenweise in die Nerven und Stiele der Blätter. Ab Juni lassen sich die Larven der ersten Generation an der Pflanze beobachten. Sie sind ab August erwachsen und paaren sich für eine zweite Generation. Deren Larven schaffen es nicht immer, noch vor dem Winter auszuwachsen. Nur Imagines überstehen jedoch die kalte Jahreszeit.

Links: Die Beinwell-Gitterwanzen verhalten sich relativ träge und fallen farblich auf der Pflanze kaum auf.

Rechts: Die etwa 7 mm große Gemeine Wiesenwanze *(Lygus pratensis)* taucht eher zufällig auf dem Beinwell auf. Als unspezialisierter Saftsauger sticht sie viele verschiedene Kräuter an und verschmäht auch Blütennektar nicht.

*Atropa bella-donna*
Nachtschattengewächse
*(Solanaceae)*

# Echte Tollkirsche

## Die Pflanze

Oft stehen noch die vertrockneten Stängel vom letzten Jahr, wenn die Tollkirsche im Mai aus ihrer dicken, rübenartigen Speicherwurzel neu austreibt. Im oberen Drittel verzweigen sich die Stängel in mehrere, nochmals gabelig geteilte Seitenäste. An diesen stehen sich meistens ein großes und ein kleines Blatt fast gegenüber. Die glockigen Blüten hängen einzeln in den Blattachseln. Sie öffnen sich über einen längeren Zeitraum von Juni bis August. Die ersten der schwarzen, vielsamigen Beeren reifen Ende Juli, die letzten im Oktober. Der bleibende grüne Kelch umgibt sie wie ein Stern.

## Glänzende Klunker

August-Oktober

Das glänzende Schwarz der süßen Beeren wirkt auf weidende **Säugetiere** als Warnsignal. Für sie können die in der ganzen Pflanze vorhandenen Tropanalkaloide tödlich giftig sein. **Vögel** dagegen nehmen die glänzenden Kugeln als Futtersignal wahr. Sie besitzen ebenso wie Kaninchen und Meerschweinchen besondere Enzyme – atropinspaltende Esterasen –, die die Alkaloide entgiften.

## Springende Flohkäfer

Juli-Oktober

Besonders wenn Tollkirschen sonnig stehen, sind ihre Blätter oft mit feinen Löchern durchsiebt. Hier waren oder sind Herden von 1,5–2 mm großen Blattkäfern aus der Gruppe der **Erdflohkäfer** am Werk. Die winzigen Käfer machen ihrem Namen alle Ehre, zeigen sie doch ein Verhalten wie Flöhe: Werden sie gestört oder fühlen sie sich bedroht, bringen sie sich mit einem raschen Sprung in Sicherheit. Hierzu besitzen sie in den verdickten Schenkeln ihrer Hinterbeine ein spezielles Sprungorgan aus einem chitinisierten Körper. Dank ihm können die kleinen Käfer mehrere Dezimeter weit und hoch springen. Ihre Sprünge erinnern zwar an Flöhe, sie sind mit diesen jedoch nicht näher verwandt.

Der **Tollkirschen-Blattflohkäfer** *(Epithrix atropae)* kommt fast ausschließlich auf diesem Nachtschattengewächs vor. Nur sehr selten weicht er auf das verwandte Bilsenkraut oder den Bocksdorn aus. Er lässt sich mit seinen hell bronzefarbenen Fleckenpaaren an den Deckflügeln von anderen Flohkäfern unterscheiden. Nach der Paarung legen die Weibchen ihre Eier im Boden in die Nähe einer Tollkirschenpflanze ab. Die weißlichen Larven fressen von deren Wurzeln, bis sie sich verpuppen. Die ausgeschlüpften Käfer wechseln

dann von den Wurzeln auf die Blätter. Im Herbst suchen sie im Laub oder Boden unter der Pflanze nach einem Überwinterungsplatz. An Waldstandorten, an denen die Umgebung der Pflanze dick mit Laub und Mulch bedeckt ist, gehören die Larven zur Beute der dort sehr zahlreich lebenden Gliedertiere. Die erwachsenen Käfer selbst haben eine Abneigung gegen hohe Luftfeuchtigkeit. Beides zusammen erklärt, warum Tollkirschen im Waldesinnern seltener das typische Lochmuster des Käferfraßes aufweisen als soche auf Lichtungen.

Waldschläge und Waldlichtungen im Hügel- und Bergland gehören zu den häufigsten Standorten der Tollkirsche.

## Blattflohhüpfen

Meistens sitzen die Käfer auf den Blattunterseiten und katapultieren sich in Sicherheit, sobald man das Blatt berührt. Mit dem Schirmtrick (siehe Seite 24) lassen sie sich gut beobachten. Nähert sich ihnen ein Finger oder ein Stöckchen, hüpfen sie sofort weg. Versuchen Sie einmal festzustellen, wie weit sie ein einzelner Sprung trägt und ob sie dabei durch ausgebreitete Flügel unterstützt wurden. War dies der Fall, brauchen die Käfer nach der Landung meist noch einen Augenblick, bis sie die häutigen Flügel wieder unter den Deckflügeln verstaut haben. Mehrmals zum Springen animiert, ermüden die Tiere. Sie hüpfen nur noch weg, ohne die Flügel einzusetzen und landen dann häufig unkontrolliert auf dem Rücken.

Links: Stinkwanzen (*Palomena* spp.) – hier Larven in einem älteren Stadium – saugen häufig an Tollkirschen, aber auch an vielen anderen Pflanzen.

Rechts: Unzählige kleine Löcher in den Blättern verraten die Tollkirschen-Blattflohkäfer auf der Blattunterseite.

Tollkirschen-Blattflohkäfer beim Absprung. Oft breiten sie beim Sprung zusätzlich ihre Flügel aus (Mitte) – so kommen sie nicht nur weiter, sondern können auch sicherer auf den Füßen landen.

*Cuscuta* spp.
Windengewächse
*(Convolvulaceae)*

# Seide

## Die Pflanzen

Seiden wachsen als windende, einjährige Parasiten ohne Blattgrün. Von den über 200 Arten weltweit kommt rund eine Handvoll bei uns vor. Jede von ihnen hat sich auf eine oder mehrere Pflanzenarten spezialisiert. Diesen Wirt umschlingen sie mit fadenartigen, verzweigten Stängeln und dringen in ihn ein – passend hierzu heißen sie auch «Teufelszwirn». Ihre Blätter sind zu winzigen Schuppen reduziert. Die in Knäueln sitzenden Blüten haben eine vier- oder fünfzipfelige Krone. Sie locken Bienen, Wespen, Ameisen und andere Insekten an, bestäuben sich aber auch selbst. Die Samen in den kugeligen Fruchtkapseln sind nicht darauf ausgerichtet, weite Entfernungen zurückzulegen. Sie fallen einfach heraus. Ihr Opfer im nächsten Jahr kann damit dieselbe Pflanze sein, auf der schon ihre Eltern saßen.

## Verstrickt

Mai

Für den jungen Keimling, der im Frühjahr aus der Samenschale schlüpft, tickt die Uhr. Selbst unter optimalen Bedingungen bleiben ihm nur wenige Tage, seine Wirtspflanze zu finden. Der Proviant aus dem Samen ist begrenzt, und er hat keine Wurzeln, über die er Wasser und Nährstoffe aus dem Boden aufnehmen könnte. Doch die fehlende Verankerung ist auch ein Vorteil für ihn: Er kann sich vom Keimplatz wegbewegen – hierbei schrumpft er hinten und wächst vorne. Doch wohin? Ohne Wegweiser wäre er aufgeschmissen. Nur Dank einer Mischung aus flüchtigen Stoffen, die wie eine Parfümwolke um jede Pflanze hängt, hat er überhaupt eine Chance zu überleben. Unsere Nase nimmt diese Wolken nicht wahr, der Keimling folgt ihnen jedoch wie ein Spürhund. Ist er nah genug an «seine» Pflanze herangekommen, so erhebt er sich und kreiselt so lange wie ein Lasso in Zeitlupe, bis er Halt findet. Jetzt braucht er nur noch mit seinen Haustorien die Leitbündel seiner Wirtspflanze anzuzapfen (siehe Abbildung Seite 177). Dazu weicht er die Oberfläche seines Wirts mit besonderen Eiweißen auf. Sobald er Wasser und alle Nährstoffe aus dem Opfer tanken kann, beginnt er zu wachsen – bis über 5 cm am Tag. Die Spitzen seiner fadenförmigen Triebe kreisen dabei weiter auf der Suche nach neuem Halt und Zapfmöglichkeiten. In vielen Windungen umschlingt er Stängel, Blattstiele und Blätter und schwingt sich leichtfädig von einer Wirtspflanze zur anderen. Reißt die Leine zwischen zwei Zapfstellen, stört das den Teufelszwirn nicht. Er wächst einfach in zwei getrennten Fäden weiter.

Oben: Diese Quendel-Seide *(Cuscuta epithymum)* hat ihre Wirtspflanzen (hier Thymian, häufig auch Schmetterlingsblütler) vollständig überwuchert.

Unten: Die Nessel-Seide *(Cuscuta europaea)* befällt außer der namensgebenden Brennnessel auch Hopfen, Weiden und andere Pflanzen.

## Nahrungskette

Seiden stehen mitten in einer Nahrungskette: Sie leben bereits von einem Wirt, den sie dabei mehr oder weniger schwächen. Doch auch selbst sind sie Wirt von Spezialisten wie etwa von **Rüsselkäfern** der Gattung Seidenrüssler *(Smicronyx)*. Die ca. 2 mm großen Käfer fressen vom späten Frühjahr bis in den Herbst sowohl an Nessel- wie auch an Quendel-Seide. Die Larven entwickeln sich in Gallen in den Stängeln und bringen diese schließlich zum Absterben. Eine andere Art der Seidenrüssler *(Smicronyx quadrifer)* geht im Südwesten der USA eine für pflanzenfressende Insekten ungewöhnliche Dreiecksbeziehung ein: Ihre Larve wandert während ihrer Entwicklung zwischen der parasitischen Seide und deren Wirt, in diesem Fall oft Akazien, hin und her.

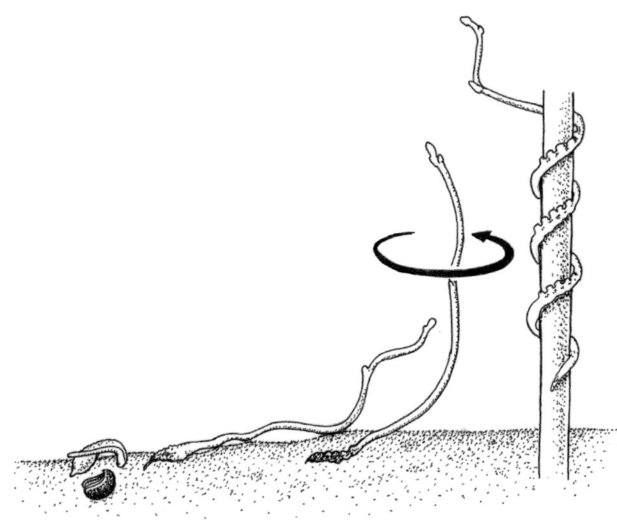

Der Weg der keimenden Seide zu ihrer Wirtspflanze.

# Edel-Gamander

*Teucrium chamaedrys*
Lippenblütler
*(Lamiaceae)*

## Die Pflanze

Der Edel-Gamander gedeiht an steinigen Stellen trockener, warmer Kalkmagerrasen sowie in lichten Eichen- und Kiefernwäldern. Seine an der Basis verholzten Stängel tragen derbe, wintergrüne Blätter, die an kleine Eichenblätter erinnern und oft rot überlaufen sind. Zerrieben riechen sie aromatisch. Den bis zu 1,5 cm langen rosa Blüten fehlt eine Oberlippe, die Unterlippe besitzt dafür fünf Zipfel. Die Blüten locken von Juni bis August Hummeln, Bienen und Schwebfliegen als Bestäuber an. Die vom aufgeblasenen Kelch umgebenen Früchte werden vom Wind verstreut.

## Besondere Gallen

Mai-September

Wenn im Mai und Juni die Blütenknospen noch ziemlich klein sind, legen die Weibchen der **Edelgamander-Netzwanze** *(Copium clavicorne)* ihre Eier in sie hinein. Knospen, die diese nur 3–4 mm große, grazile Wanze dafür ausgewählt hat, können sich nicht mehr zu Blüten öffnen. Stattdessen wuchert die Kronröhre und bildet eine hohle Kammer, in der der Nachwuchs der Wanze seine fünf Larvenstadien verbringt. Erst im August oder September, wenn die Wanze ihre letzte Larvenhaut abgestreift hat, öffnet sich die Kinderstube. Die Imago verlässt die Galle, zurück bleiben nur die dunklen Reste der Häutungen. Muss das Tier die Galle zu Beginn mit anderen Larven teilen, fällt es als Kannibale über sie her.

Im Herbst saugen die Wanzen nicht mehr an der Pflanze, suchen aber ab und zu noch den Schutz der Gallen auf, bevor sie in der Bodenstreu überwintern. Im kommenden Frühjahr stechen die Tiere Blätter und Knospen des Gamanders an und saugen deren Pflanzensaft. Im Mai oder Juni paaren sie sich – die Zeit der nächsten Generation beginnt. Die Edelgamander-Netzwanze lässt sich besonders ab Juli anhand der auffälligen Gallen leicht finden. Sie kommt von Südeuropa bis in die Nordeifel vor und steigt in den Alpen in Höhen bis etwas über 1000 m ü. M. hinauf. Oft tritt sie sogar in Gärten auf, in denen der anspruchslose, üppig blühende Edel-Gamander in Steingärten, an Mauern und als Beeteinfassung wächst.

Eine Schwesternart dieser hoch spezialisierten Wanze, die **Berggamander-Netzwanze** *(Copium teucrii)*, bildet ähnliche Gallen auf dem Berg-Gamander *(Teucrium montanum)*. Diese beiden Tiere sind die einzigen gallbildenden Wanzen der heimischen Fauna. Alle anderen Pflanzengallen bei uns beherbergen andere Insekten oder Milben oder haben ganz andere Ursachen.

Rechte Seite oben: Die buschige, bodendeckende Pflanze bildet ihre Lippenblüten in den Achseln der oberen Blätter.

Mitte: Am rechten Blütenstand sitzen einige der von den Netzwanzen verursachten blasigen Knospengallen.

Unten: Die Oberseite der Edelgamander-Netzwanze erinnert an eine gehäkelte Spitzendecke.

# Wald-Ziest

*Stachys sylvatica*
Lippenblütler
*(Lamiaceae)*

## Die Pflanze

Dieser Ziest gedeiht in feuchten Wäldern, an Waldwegen und Hecken. Sein bis zu 1 m hoher Stängel und die herz-eiförmigen, gegenständigen Blätter sind abstehend behaart und riechen beim Zerreiben etwas unangenehm. Die Blüten öffnen sich von Juni bis September. Ihre Krone ist braunrot und besitzt auf der Unterlippe eine helle Zeichnung, die den bestäubenden Bienen und Schwebfliegen als Saftmale dient. Die vier vom Kelch umgebenen Teilfrüchte reifen von August bis in den späten Herbst.

Mai–Oktober

## Meisterhaft getarnt

Gewöhnlich fällt zuerst ihr Fraß auf – zu Beginn wirken die Blattflächen wie abgeraspelt, später tragen sie ein Lochmuster. Erst auf den zweiten Blick entdeckt man den Verursacher: Der 8–10 mm große **Grüne Schildkäfer** *(Cassida viridis)* sitzt wie ein flacher, grüner Hügel auf den Blättern. Seine Larven sehen auf den ersten Blick wie dunkle, frische Kothäufchen aus.

Die Käfer überwintern in der Bodenstreu. Ab Mai paaren sie sich auf der Nahrungspflanze, auf der das Weibchen später mehrere Eigelege absetzt. Die Larven fressen zuerst auf der Blattunterseite, später auch auf der Oberseite. Nach etwa 20 Tagen heften sie sich mit dem Hinterende fest und verpuppen sich. Nach rund einer Woche schlüpfen die Imagines und fressen noch bis September oder Oktober auf der Pflanze. Außer auf Ziest lebt der Grüne Schildkäfer auch auf vielen anderen Lippenblütlern wie Minze, Hohlzahn und Salbei.

Rumpf und Deckflügel der Schildkäfer besitzen einen breiten Rand, der meist die Beine verdeckt. Fast könnte man meinen, ein normaler Blattkäfer sei auf dem Blatt plattgedrückt worden. So gut getarnt durch Farbe und Körperbau, sind die Tiere zwar auf dem Laub kaum zu erkennen, doch was passiert, wenn sie trotzdem entdeckt werden? Gegen Ameisen soll die Schildform einen guten Schutz bieten. Gegen größere Tiere haben die Käfer aber noch eine weitere Spezialität bereit: Ihre Füße haften mit ihren Krallen und speziellen Hafthärchen erstaunlich fest auf der Blattoberfläche. Auch die Larven sind Meister im Tarnen und Verteidigen. Ihr grünlicher Körper fällt unter einem Packen aus abgestreiften Larvenhäuten und Kot kaum auf. Im Gegensatz zum Schutzschild der Lilienhähnchen (siehe Seite 275) liegt dieser Schild jedoch nicht fest auf dem Rücken, sondern ist auf eine lange Schwanzgabel gespießt. Bei der Orientierung dienen der Larve die wie Abstandshalter an den Seiten sitzenden Stachelreihen als Berührungsmelder.

Der endständige Blütenstand ist aus meist sechsblütigen Scheinquirlen zusammengesetzt. Hier besucht eine Veränderliche Hummel *(Bombus humilis)* die Blüten.

Oben: Der Grüne Schildkäfer ist ähnlich gefärbt wie die Blätter seiner Wirtspflanze.

Unten: Fühlt sich die Larve bedroht, hebt sie den Schild wie ein römischer Soldat und richtet ihn dem Angreifer entgegen. Sie kann ihn sogar wie einen Schläger schwingen. Hier sitzt sie auf der Ross-Minze *(Mentha longifolia)*.

## Heimliche Helfer

Viele Insekten beherbergen symbiontische Mikroorganismen. Die meisten leben in Gemeinschaft mit nur einer oder wenigen Bakterienarten. Deren Aufgaben können vielfältig sein und sind erst teilweise erforscht: Sie können durch ihren speziellen Stoffwechsel Nährstoffe aufschließen oder bilden, die dem Insekt sonst bei der einseitigen Pflanzennahrung fehlen würden. Andere entgiften Abwehrstoffe der Pflanze. Wieder andere bilden Substanzen, mit denen sich das Insekt verteidigen oder seine Partner finden kann. Die Bakterien sind entweder im Innern von Zellen eingeschlossen, oder sie befinden sich in Hohlräumen des Insekts. Mit ausgeklügelten Systemen sorgt die Natur dafür, dass der Nachwuchs eine Symbiontenportion mit auf den Lebensweg bekommt. Bei einigen Schildkäfern und anderen Blattkäfern sind dazu die speziellen Reservoirs für die Bakterien direkt mit den Fortpflanzungsorganen des Käfers verbunden. So gelangen die nützlichen Keime direkt auf die Eihülle – die Larven erhalten das nötige Rüstzeug für ihre vegetarische Kost beim Schlüpfen.

# Woll-Ziest

*Stachys byzantinica*
Lippenblütler
*(Lamiaceae)*

## Die Pflanze

Diese Staude macht ihrem Namen alle Ehre. Dank einer dichten Behaarung schimmern die Blätter silberweiß und fühlen sich seidig an. Die Blütenstände setzen sich aus mehreren Scheinquirlen zusammen, deren rosa bis purpurne Lippenblüten sich von Juni bis August öffnen. Ursprünglich stammt die Pflanze aus dem östlichen Mittelmeerraum. In Mitteleuropa wächst sie häufig in Gärten und verwildert gelegentlich an sonnigen Böschungen und Rainen.

Juni–September

## In Watte gepackt

Der samtige Flaum der Blätter lockt die **Große Wollbiene** oder **Garten-Wollbiene** *(Anthidium manicatum)* an. Diese solitäre Bienenart baut für ihren Nachwuchs ein Nest aus Pflanzenhaaren. Das Weibchen schabt und zupft dazu mit seinen Oberkiefern die Haare von verschiedenen Stellen der Pflanze. Aus diesen formt es mithilfe seiner Beine und seines Hinterleibs eine wattige Kugel, mit der es zu seinem Nistplatz fliegt. Dieser kann weit weg vom Sammelplatz in einem Erdloch, in einer Mauerspalte oder einer breiten Spalte in einem Pfosten liegen. Dort packt die Biene die Haarkugeln zu einem großen Haufen, der an verfilzte Schafwolle erinnert. Zusätzlich sammelt sie Sekrete von den klebrigen Drüsenhaaren anderer Pflanzen wie Habichtskräutern oder Pelargonien und packt diese Tröpfchen auf die Pflanzenwolle. Ob sie diese verkleben oder imprägnieren sollen oder ob Mikroorganismen oder Feinde von der Brut abgehalten werden sollen, ist noch nicht geklärt. Im Innern des Wollpaketes legt das Weibchen 3–16 Brutzellen an. Bevor es dort je ein Ei ablegt, trägt es Nektar und Pollen von verschiedenen Lippenblütlern, Schmetterlingsblütlern und Rachenblütlern als Nahrung für den Nachwuchs ein. Die Große Wollbiene sammelt für ihre Wollknäuel auch Haare anderer Pflanzen wie der Sand-Strohblume *(Helichrysum arenarium)*, den Früchten von Quitten oder den Flugsamen von Pappeln. Am sichersten lässt sie sich jedoch am Woll-Ziest beobachten, dem sie auch in Dörfer und Städte folgt.

## Machos unter den Bienen

Die Männchen fallen durch ihren abgehackten Flug auf, bei dem sie wie Hasen Haken schlagen. Sie patrouillieren durch ihr Revier, verteidigen es gegen andere Insekten und suchen Weibchen für die Paarung. Beim Angriff einer fremden Biene krümmt das Männchen sein mit Zähnen besetztes Hinterende im Flug nach vorne und rammt den

Die Wollbiene erinnert mit ihren gelben Ringeln und dem fast kahlen Hinterleib auf den ersten Blick an eine Wespe.

Eindringling mit Kopf und Hinterteil. Dabei kann es dessen Flügel zerfetzen. Rivalen bekämpft es ähnlich heftig. Auch bei der Paarung geht es nicht gerade zartfühlend vor: Auf uns wirkt es wie eine Vergewaltigung, wenn es sich auf das Weibchen stürzt, dieses mit den Beinen packt und mit ihm kopuliert. Allerdings weisen die Weibchen auch Männchen ab. Männchen wie Weibchen paaren sich in kurzen Abständen mit unterschiedlichen Partnern – wenn Sie Wollbienen an Ihrem Ziest beobachten, können Sie dieses Schauspiel sicher verfolgen.

Oben: Das Männchen der Wollbiene wird 14–18 mm groß.

Unten: Das Anfertigen einer Haarkugel dauert zwischen 15 Sekunden und 5 Minuten. Das 11–12 mm große Weibchen verlagert sie von den Beinen zu den Mundwerkzeugen, bevor es sie zum Nistplatz transportiert.

*Mentha* spp.
Lippenblütler
*(Lamiaceae)*

# Minze

## Die Pflanzen

Minzen wachsen bevorzugt an Ufern, in nassen Wiesen oder an feuchten Waldwegen. Ihre Stängel tragen gegenständige Laubblätter, die bei den meisten Arten behaart und gezähnt sind. Sie riechen beim Zerreiben intensiv aromatisch. Die Scheinquirle mit den kleinen Blüten stehen je nach Art in den Achseln der obersten Blätter oder nähern sich einander ährenartig am Ende der Zweige. Die weißlichen bis rosa Blütenkronen haben vier fast gleich lange Zipfel. Verschiedene Insekten tanken Nektar in den Blüten oder sammeln deren Pollen.

## Schillernde Duftliebhaber

Mai–September

Auf Minzen lassen sich regelmäßig bis ca. 1 cm lange, metallisch glänzende Blattkäfer beobachten: Der **Minze-Blattkäfer** *(Chrysolina herbacea)* und der **Himmelblaue Blattkäfer** *(Chrysolina coerulans)*. Beide Arten erkennen ihre Futterpflanzen an ihrem Geruch.

Bei der Ross-Minze bilden die Scheinquirle eine endständige Ähre.

Oben: Bei der Wasser-Minze sitzen die Scheinquirle mit den Blüten kopfartig am Stängelende.

Unten: Der Minze-Blattkäfer schimmert meist grün.

Die typisch duftenden ätherischen Öle, die viele andere Fressfeinde fernhalten, ziehen sie magisch an. Wenn sie an den Minzen fressen, werden auch sie zu Duftkissen: Der Käfer nützt die ätherischen Öle nun als Abwehrstoffe gegen seine eigenen Feinde. Genaue Analysen zeigten, dass der Käfer sie teilweise zu noch wirksameren Chemiewaffen verändert.

Die vorgefertigte chemische Waffe der Pflanze versagt zwar bei den spezialisierten Blattkäfern, die die Minze scheinbar unbehelligt abfressen. Doch Minzen stehen deren Angriffen nicht hilflos gegenüber. Wissenschaftler verglichen die ätherischen Öle in den Drüsenhaaren von unbeschädigten Wasser-Minzen *(Mentha aquatica)* mit denen von

angefressenen Pflanzen. Dabei fanden sie heraus, dass der Himmelblaue Blattkäfer einen weiteren Abwehrmechanismus in Gang setzt: Angenagte Pflanzen verändern die Zusammensetzung des ätherischen Öls, duften also etwas anders. Neu anfliegende Käfer nehmen dieses Signal wahr und erkennen, dass die Pflanze bereits von Konkurrenten besetzt ist. In der Folge meiden sie diese. Die Pflanze schützt sich so vor totalem Kahlfraß. Der Käfer dagegen bietet seinen Nachkommen eine bessere Futterquelle, indem er seine Eier nur auf unbeschädigte Pflanzen legt. Verletzten die Forscher die Pflanzen ausschließlich mechanisch, reagierte die Pflanze nicht. Dies erklärt, warum im Garten auch Pfefferminzpflanzen, von denen Sie bereits Blätter für Tee geerntet haben, trotzdem noch von den Käfern besiedelt werden.

Die in Mitteleuropa lebenden Exemplare des Himmelblauen Blattkäfers haben meistens eine blaue Färbung.

## Bunte Fliege mit doppeltem Nutzen

Die 8–12 mm große **Wanzenfliege** *(Phasia hemiptera)* ist träger als andere Fliegen. Sie fliegt nur ungern und nur kurze Strecken. Hier sitzt ein Männchen auf der Ross-Minze *(Mentha longifolia)*. Die Imagines ernähren sich von Juni bis September von Pollen von Minzen, Bärenklau (*Heracleum* spp.), Wasserdost *(Eupatorium cannabinum)* und anderen Pflanzen. Dabei bestäuben sie die Blüten. Das Weibchen legt seine Eier einzeln an große Wanzen, zum Beispiel die Grüne Stinkwanze (siehe Seite 11). Die schlüpfende Larve bohrt sich in den Wirt. Sie frisst ihn von innen her auf und dezimiert damit den Bestand der Pflanzensauger. Ausgewachsen, verlässt sie die zum Tode verurteilte Wanze und verpuppt sich am Boden.

Rechte Seite: Wie bei den meisten Blütenpflanzen öffnet sich der Blütenstand des Salbeis von unten nach oben. Da auch Bienen und Hummeln die Blüten in dieser Reihenfolge anfliegen, besuchen sie zuerst die älteren Blüten und dann die jüngeren. So laden sie zuerst mitgebrachten Pollen ab, bevor sie mit neuem bepudert werden.

*Salvia pratensis*
Lippenblütler
*(Lamiaceae)*

# Wiesen-Salbei

## Die Pflanze

Auf trockenen Wiesen, an Böschungen und an Wegrändern bildet der Wiesen-Salbei seine Blattrosetten. Aus diesen erheben sich im Frühjahr aufrechte, oft verzweigte, gegenständig beblätterte Stängel. Die runzeligen Blätter duften beim Zerreiben aromatisch. Die endständigen Blütenstände bestehen aus zahlreichen vier- bis achtblütigen Scheinquirlen. Die blauen, bis zu 2,5 cm langen Lippenblüten öffnen sich von Mai bis August. Ihre Oberlippe wölbt sich sichelförmig über die dreiteilige Unterlippe. Die vier vom Kelch umgebenen Teilfrüchte reifen von Juli bis August.

## Blüten mit Schlagbaum

Der Wiesen-Salbei gehört zu den Paradebeispielen der Blütenökologie. Er zeigt eindrucksvoll, wie raffiniert Blüten dafür sorgen können, dass Bestäuber Pollen übertragen. Hierfür weisen seine beiden Staubblätter einen ganz besonderen Bau auf: Sie erinnern an die Schlagbäume an Bahnübergängen und sind genauso beweglich wie diese. Führen Sie doch einmal ein Stäbchen in die Blüte ein und imitieren Sie so ein Insekt. Dann

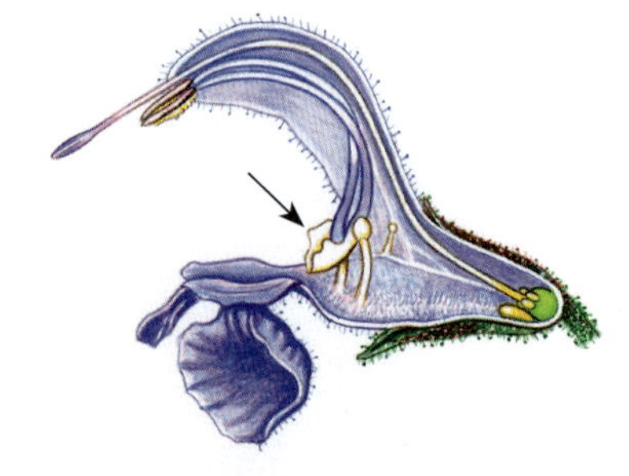

Eine Blüte längs aufgeschnitten: Die kurzen Enden der Staubblätter sind schaufelartig verbreitert und miteinander verwachsen (siehe Pfeil). Sie befinden sich in der Kronröhre und decken den Zugang zum Nektar ab. Ihre langen Enden tragen die Pollensäcke und liegen in der Sichel der Oberlippe verborgen. Zwischen diesen beiden Teilen befindet sich ein Gelenk.

Drücken kräftige Insekten – hier eine Erdhummel *(Bombus terrestris)* – bei einer jungen Blüte mit dem Kopf gegen die Schaufel, so neigen sich die langen Abschnitte mit den Pollensäcken aus der Oberlippe heraus. Sie landen auf dem Rücken des Insekts und laden dort ihren Pollen ab.

Bei älteren Blüten haben die Staubblätter ihre Funktion erfüllt. Nun öffnen sich die beiden Narbenäste. Kriecht das Insekt in die Blüte, streift es den Pollen auf seinem Rücken daran ab.

können Sie die Funktion nachvollziehen. Auch andere Salbeiarten haben entsprechend umgebaute Staubblätter. Die meisten von Ihnen funktionieren jedoch nicht so gut wie die des Wiesen-Salbeis.

### Pustelige Blätter

April-September

An manchen Standorten treten regelmäßig Pflanzen auf, deren Blätter mit haarigen Knötchen besetzt sind. Hier hat die **Salbei-Gallmilbe** *(Aceria salviae)* die Blätter so stimuliert, dass geschützte Behausungen wuchern. Die winzigen Milben im Innern sind selbst mit der Lupe kaum zu erkennen (siehe Seite 88).

Oben: Auf der Blattoberseite wölben sich pockenartige Pusteln empor.

Unten: Auf der Blattunterseite entstehen dicht behaarte Höhlungen, in denen zahlreiche Salbei-Gallmilben leben.

# Spitz-Wegerich

*Plantago lanceolata*
Wegerichgewächse
*(Plantaginaceae)*

## Die Pflanze

Die ausdauernde Pflanze wächst häufig in Fettwiesen und Rasen, auf Äckern und an Wegrändern. Ihre schmalen, spitzen Blätter bilden eine grundständige Rosette. Sie sind von mehreren parallelen Nerven durchzogen. Von Mai bis September entwickeln sich auf blattlosen Stängeln dichte Blütenähren. An diesen fallen besonders die lang gestielten Staubbeutel auf, die den Pollen dem Wind überlassen. Gelegentlich bestäuben auch pollensuchende Insekten die Blüten. Die Fruchtkapseln entlassen Samen, die bei Feuchtigkeit kleben und an Tieren haften bleiben.

## Selbstgemachte Konservierung

Der Spitz-Wegerich bildet Abwehrstoffe aus der Gruppe der Iridoidglykoside (Aucubin, Catalpol). Sie schmecken bitter und wirken allgemein fraßhemmend. Trotzdem ernähren sich zahlreiche Schmetterlingsraupen mit einem breiten Nahrungsspektrum regelmäßig von dieser Pflanze. Möglicherweise ist es für die Pflanze wichtiger, mit ihren Kampfstoffen Krankheiten abzuwehren: Aus den Iridoiden entstehen in verletzten Zellen Abbauprodukte, die so wirkungsvoll sind, dass selbst auf einem Presssaft kein schädlicher Schimmelrasen wächst.

## Vernetzt

Doch der Spitz-Wegerich bekämpft nicht alle Pilze: Wie fast alle krautigen Pflanzen bildet er im Wurzelbereich Symbiosen mit bestimmten Pilzen. Bei der mit den arbuskulären **Mykorrhizapilzen** *(Glomeromycetes)* entstehenden «vesikulär-arbuskulären Mykorrhiza» (VA-Mykorrhiza) webt der Pilz ein lockeres Geflecht um die Wurzel und dringt in die Zellen der Wurzelrinde ein. Dort schwillt er zu Bläschen an oder verzweigt sich bäumchenartig. Damit vergrößert der Pilzpartner das Einzugsgebiet der Pflanzenwurzeln, indem er Wasser und Nährsalze aus dem Boden aufnimmt und an die Pflanze weiterleitet. Besonders wichtig für die Pflanze sind hierbei Spurenelemente und Phosphat. Im Gegenzug dazu versorgt die Pflanze den Pilz mit energiereichen Kohlenhydraten aus der Fotosynthese. Die Pilzhyphen können auch als Brücken zwischen verschiedenen Pflanzenarten funktionieren, über die diese Stoffe miteinander austauschen. Forscher konnten zum Beispiel den Transport von Stickstoff zwischen einzelnen Pflanzen nachweisen. Damit seine Pilzpartner unbehelligt bleiben, stellt ihnen der Wegerich sogar sein eigenes Waffenarsenal zur Verfügung: Wissenschaftler fanden heraus, dass das vom Wegerich gebildete Catalpol in den Pilzhyphen auftaucht, wenn pilzfressende Ur-Insekten aus der Gruppe der Springschwänze den Pilz attackierten.

Ein stark vergrößerter Schnitt durch die Wurzel des Spitz-Wegerichs zeigt die Pilzstrukturen des Mykorrhizapilzes (hier rot dargestellt) in den Zellen der Wurzelrinde.

Ampfer-Rindeneule
*(Acronicta rumicis)*

Roter Scheckenfalter
*(Melitaea didyma)*

Gammaeule
*(Autographa gamma)*

Drei der zahlreichen, relativ unspezialisierten Schmetterlingsraupen, die an Spitz-Wegerich und vielen anderen Pflanzen fressen.

*Linaria vulgaris*
Wegerichgewächse
*(Plantaginaceae)*

# Gewöhnliches Leinkraut

## Die Pflanze

Das Gewöhnliche Leinkraut wächst häufig als Pionier an warmen Böschungen, auf Eisenbahndämmen, Flussschottern und Ödflächen. Seine aufrechten Stängel sind dicht mit lineal-lanzettlichen Blättern besetzt. Die lang gespornten, gelben Blüten in den endständigen Trauben öffnen sich von Juni bis Oktober. Der Eingang zu ihrem Schlund ist vollständig durch zwei dunklere Vorwölbungen der Unterlippe verschlossen, die ein großes Staubblatt imitieren. Nur größere Hummeln und Wildbienen können diese Maskenblüte aufstemmen, um in die Krone zu gelangen und den Nektar aus dem Sporn zu saugen. Kleinere Hummeln beißen oft den Sporn an und rauben so den süßen Saft. Die Kapselfrüchte öffnen sich ab Juli mit Poren und entlassen flache Samen in den Wind.

## Blüten – zum Fressen gern

Juli–September

An größeren Beständen des Leinkrauts lohnt es sich, nach den Raupen des **Leinkraut-Blütenspanners** *(Eupithecia linariata)* Ausschau zu halten. An sonnigen Standorten der Pflanze lassen sie sich recht häufig beobachten. Der hoch spezialisierte Nachtfalter legt seine Eier ausschließlich an Leinkraut ab. Die junge Raupe lebt zuerst gut versteckt in

Die bis zu 16 mm langen Raupen des Leinkraut-Blütenspanners sind grünlich gelb bis gelb gefärbt und oft dunkelbraun gemustert.

einer Blütenknospe oder Blüte. Erst nach der dritten Häutung verlässt sie den geschützten Kronenraum und frisst nun von außen an Blüten und Früchten. Oft bohrt sie sich dabei so in die Früchte hinein, dass nur noch ihr Hinterende herausschaut – eine recht auffällige Position! Unter optimalen Bedingungen können sich pro Jahr zwei Generationen des Schmetterlings entwickeln. Die Überwinterung erfolgt als Puppe in einem lockeren Kokon.

### Friedliches Nebeneinander

Juli–September

An vielen Standorten teilt sich die Raupe des Leinkraut-Blütenspanners die Pflanze mit einer anderen Schmetterlingsraupe. Die Raupe der **Möndcheneule** *(Calophasia lunula)* frisst allerdings bevorzugt an den Blättern und jungen Stängeln, sodass sie keine ernsthafte Konkurrenz darstellt. Die langrüsseligen Eulenfalter umschwärmen besonders in der frühen Dämmerung verschiedene Blüten, hauptsächlich solche von Nelkengewächsen.

Oben: Der hübsch gemusterte Leinkraut-Blütenspanner versteckt sich tagsüber. Nur abends und nachts tankt er Nektar von Dolden- und Korbblütlern.

Unten: Die Raupen der Möndcheneule sitzen frei an ihrer Futterpflanze. Sie wirken nur aus der Nähe auffällig. Von weiter weg betrachtet, tarnt sie das Licht- und Schattenspiel umgebender Halme vor Fressfeinden.

*Digitalis purpurea*
Wegerichgewächse
*(Plantaginaceae)*

# Roter Fingerhut

## Die Pflanze

Diese zweijährige Pflanze braucht kalkarme Böden und feuchtes Klima. Sie bildet oft große Bestände auf Waldlichtungen, Waldschlägen und in lichten Wäldern. Aus der Grundrosette schiebt sich im zweiten Jahr ein bis über 2 m hoher Stängel. Zwischen Juni und September, oft über mehrere Wochen hinweg, öffnen sich an diesem von unten nach oben die sehr zahlreichen, 4–6 cm langen, rotvioletten bis weißen Blüten. Innen tragen diese ein Fleckenmuster. Bestäubende Hummeln deuten dies als Staubbeutel und kriechen in die Blüten.

## Wohlbehütet?

Juli-September

Ausschließlich in den Blüten dieser Pflanze lebt die Raupe des **Rotfingerhut-Blütenspanners** *(Eupithecia pulchellata)*. Sie ernährt sich dort von den Staubgefäßen und dem Stempel. Im Gegensatz zu den Raupen des nah mit ihm verwandten Leinkraut-Blütenspanners (siehe Seite 197) verlässt sie ihr selbst gewähltes Gefängnis nicht freiwillig. Nur wenn sie eine Blüte leer gefressen hat und neue Nahrung benötigt, wechselt sie nachts in eine neue, höher an der Blütentraube gelegene Blüte. Den Eingang der Blüte spinnt sie jeweils mit ein paar Fäden zu. So bleibt sie unbehelligt von nektar- und pollensammelnden Blütenbesuchern. Das Leben im Tarnzelt schützt die Raupen auch vor Nahrung suchenden Vögeln, aber nicht vor Schlupfwespen. Die Larven dieser Parasitoiden entwickeln sich in den Schmetterlingsraupen und fressen diese von innen her auf. Schmetterlingsforscher haben festgestellt, dass die versteckt lebenden Raupen des Rotfingerhut-Blütenspanners sogar häufiger das Opfer dieser Parasitoiden werden als Raupen des nah verwandten **Gelbfingerhut-Blütenspanners** *(Eupithecia pyreneata)*, die zeitweise frei an Pflanzen leben. Warum dies so ist, konnten sie jedoch bisher nicht erklären. Jedenfalls können die Schlupfwespen die Raupen wohl anhand von chemischen Signalen problemlos in den Blüten orten. Untersuchungen an verschiedenen Pflanzenarten haben gezeigt, dass diese im Kampf gegen Fressfeinde bei Verletzung gezielt chemische Signale freisetzen. Schlupfwespen sind in der Lage, sowohl diesen «Hilferuf» der verletzten Pflanze als auch chemische Stoffe von Raupen wahrzunehmen und somit ihren Legebohrer in die richtige Blüte zu stechen. Mit der «Nadel im Heuhaufen» werden beide zu Gewinnern: Die Schlupfwespe hat einen Platz für ihr Ei gefunden, die Pflanze entledigt sich der fressenden Raupe.

Die glockenförmigen Blüten hängen in langen, einseitswändigen Trauben.

Oben: Diese Raupe wurde in ihrem Blütenversteck gestört und schlüpft innerhalb weniger Minuten in die nächste Blüte.

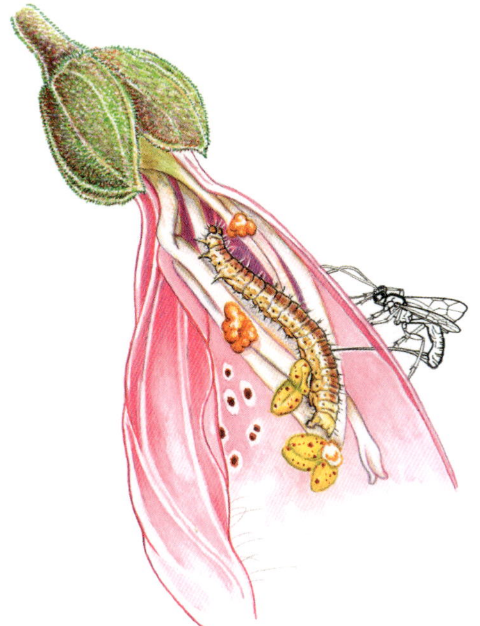

Links: Während sich am oberen Ende immer weitere Knospen entwickeln, reifen unten schon die ersten Kapselfrüchte. Die Raupe des Blütenspanners ist am ehesten in weit fortgeschrittenen Blütenständen zu finden.

Rechts: Eine Schlupfwespe sticht ihren Legebohrer durch die weiche Blütenkrone hindurch und injiziert ihr Ei in die Raupe.

# Großblütige Königskerze
# Kleinblütige Königskerze

*Verbascum densiflorum*
*Verbascum thapsus*
Braunwurzgewächse
*(Scrophulariaceae)*

## Die Pflanzen

Die beiden sehr ähnlichen Arten stehen meist auf sonnigen, steinigen Ödflächen. Im ersten Jahr bilden sie eine Blattrosette. Im zweiten Jahr recken sie sich bis über 2 m hoch und tragen filzige Blätter sowie eine lange, dichte, oft auch verzweigte Blütenähre. In ihr öffnen sich von Juni bis September über viele Wochen hinweg bis weit über 200 Einzelblüten. Zuerst gehen die untersten Blüten auf, weitere folgen unregelmäßig in mehreren Zonen übereinander. Die Krone ist bei der Großblütigen Königskerze 3–5 cm breit, bei der kleinblütigen Schwester 1–3 cm. Die Kapselfrüchte öffnen sich mit zwei Klappen, sodass Wind und Tiere die Samen ausstreuen können. Die abgestorbenen Pflanzen bleiben meist den ganzen Winter über stehen.

Eine Furchenbiene sucht die Haare an den Staubfäden der Großblütigen Königskerze nach Pollen ab.

## Eldorado der Blüten

Juli–September

Bei der Fülle der Blüten fällt es kaum auf, dass jede von ihnen weniger als einen Tag geöffnet ist. Sie startet in der Morgendämmerung und präsentiert am Vormittag die Staubblätter und den Griffel in der fast flachen Krone. Im Laufe des Nachmittags neigen sich die Kronzipfel wieder zusammen. Die Staubblätter entleeren ihren Pollen vormittags. Doch auch danach besuchen noch Schwebfliegen und Bienen die Blüten. Dabei bleibt besonders Pollen von den beiden unteren Staubblättern an ihrem Hinterleib hängen. Diese haben kahle Staubfäden und große Staubbeutel mit reichlich Pollen. Die drei oberen Staubblätter bilden dagegen nur wenig Pollen. Sie präsentieren sich durch viele hellgelbe Haare als kleine Bürsten. Früher glaubten Biologen, dass dies Fresshaare seien, die die Bestäuber belohnen. Nachdem sie jedoch nicht abgefressen werden, hält man sie heute eher für Pollenattrappen, die eine Futterquelle nur vortäuschen. Immer wieder kann man beobachten, wie Insekten nicht nur die Staubbeutel, sondern auch die Haarbürsten mit ihren Mundwerkzeugen absuchen.

Links: Die Raupe des **Königskerzen-Mönchs** *(Cucullia verbasci)* frisst hauptsächlich nachts frei auf der Pflanze. Tags sitzt sie oft auf der Blattunterseite, sodass Vögel sie nicht entdecken.

Rechts: Hier haben Schmetterlingsraupen des **Königskerzenzünslers** *(Parascorsia repandalis)* Fäden zwischen den Blüten gesponnen und fressen sich gesellig im Schutz dieses Gespinstes satt.

## Pelz im Hochsommer

Juli-September

Die Königskerzen tragen fast überall einen Filz aus bäumchenartig verzweigten Haaren. Dieser schafft einen windstillen Raum auf der Oberfläche, der die Pflanze vor zu starker Verdunstung schützt – an ihrem oft trockenen Standort eine wertvolle Errungenschaft. Die Haartracht hält auch viele Pflanzenfresser ab. Für sie ist der Filz wohl ähnlich unangenehm, wie wenn wir in einen Wollpullover beißen. Eine erstaunliche Anzahl Insekten hat sich jedoch ganz auf diese Pflanzen spezialisiert oder zählt sie zu ihren Nahrungspflanzen. Zahlreiche Rüsselkäfer gehören dazu, darunter auch einige aus der Gruppe der Schaber (vergleiche Seite 209). Der **Veränderliche Gallenrüssler** *(Rhinusa tetra)* legt seine Eier in die Kapseln von Königskerzen. Seine Larven entwickeln sich in deren Innern, ohne dass sich die Form der Kapseln wesentlich verändert. Bei starkem Befall können die Larven jedoch bis zu 50 % der Samen eines Blütenstands zerstören.
Auch Schmetterlinge haben die Königskerze erobert. Ihre Raupen fressen meistens nur das saftige Gewebe und lassen die fusseligen Haare einfach liegen. Ihre Fraßstellen fallen also durch Wollflocken auf. Kahle Blattstellen dagegen können darauf hinweisen, dass sich hier eine Wollbiene (siehe Seite 184) bedient hat.

Linke Seite: Die Imagines des Veränderlichen Gallenrüsslers fressen an Blüten und Blättern.

Oben: Auch die **Königskerzen-Blattlaus** *(Aphis verbasci)* hat sich auf die Königskerzen spezialisiert. Hier wird sie von Schwarzen Wegameisen *(Lasius niger)* besucht.

## Platz für die Nächsten

Rütteln Sie einmal kurz und kräftig an dem blühenden Stängel einer Königskerze oder schlagen Sie mit einem Stock dagegen. Was passiert? Nach ein paar Minuten – der Stängel schwingt längst nicht mehr nach – lösen sich Blütenkronen und rieseln herab. Manchmal sind es nur wenige, ein anderes Mal viele Dutzend. Die Kelche von offenen Blüten haben als Reaktion auf die heftige Erschütterung ihre Zipfel etwas zusammengeneigt. Dabei haben sie die Krone samt den damit verbundenen Staubblättern nach außen gedrückt und abgelöst. Hatten Insekten noch nicht genug Pollen auf der Narbe abgeladen, kann nun beim Abgleiten der Blüten über den Griffel und die Narbe Selbstbestäubung stattfinden. In jedem Fall macht das Entrümpeln Platz für die nächsten Blüten.

Rechte Seite: Der lockere Blütenstand umfasst zahlreiche unscheinbar braunrote Blüten.

*Scrophularia nodosa*
Braunwurzgewächse
*(Scrophulariaceae)*

# Knotige Braunwurz

## Die Pflanze

Die Staude gedeiht bevorzugt in feuchten Wäldern mit viel Unterwuchs und nährstoffreichem Boden und auf Waldschlägen. Ihr knotiger Wurzelstock treibt bis 1 m hohe kantige Stängel mit gegenständigen Blättern. Die Blüten öffnen sich von Mai bis September und locken Faltenwespen und verschiedene Bienen an. Ihre Krone bildet einen kugeligen Krug mit zwei Lippen. Die spitzen Kapselfrüchte öffnen sich mit zwei Klappen, sodass Wind und Tiere die Samen ausstreuen können.

Der **Dunkle Braunwurzschaber** *(Cionus tuberculosus)* ist etwa 4 mm groß. Das Weibchen legt seine Eier in eine Höhlung in der Blattmittelrippe, die es mit einem Sekret verschließt. Die ältere Larve frisst Löcher in die Blätter. Ist sie ausgewachsen, verpuppt sie sich auf der Unterseite der Blätter.

Der **Weißschildige Braunwurzschaber** *(Cionus scrophulariae)* und der **Garten-Blattschaber** *(Cionus hortulanus)* kleben ihre Puppenkokons in den Fruchtstand. Dort sind sie zwischen den Früchten kaum zu erkennen. Das Foto zeigt einen offenen Kokon, aus dem der Käfer bereits geschlüpft ist.

## Drollige Käfer

Mai–September

Die Braunwurz ist das Revier von fünf kugeligen **Rüsselkäfer**arten. Bei Berührung der Pflanze purzeln sie zu Boden. Ihre Larven raspeln am Anfang das Pflanzengewebe nur oberflächlich ab, was ihnen den Namen **«Schaber»** einbrachte. Die 3–5 mm großen Käfer der Gattung *Cionus* sind an einem großen Fleck mitten auf dem Rücken zu erkennen. Dem nur 3 mm kleinen **Schönen Blattschaber** *(Cleopus pulchellus)* fehlt ein solcher Fleck. Auf der Braunwurz bevorzugt jeder der Käfer während seiner Entwicklung bestimmte Pflanzenteile. Haben zwei die gleiche Lieblingsspeise, so erscheinen sie zeitlich nacheinander oder an unterschiedlichen Standorten. Indem sie sich so erfolgreich aus dem Weg gehen, vermeiden sie Konkurrenz und nützen gleichzeitig die Braunwurz als Nahrungsquelle umfassend aus.

Die behaarten Käfer verlassen im Frühjahr ihr Winterquartier. Nach der Paarung auf der Braunwurz legen die Weibchen ihre Eier in Höhlungen, die sie je nach Art in Blätter, Knospen oder junge Früchte der Pflanze fressen. Nach etwa einer Woche schlüpfen die fußlosen Larven. Sie scheiden aus dem After eine Gallertmasse aus, die sie vollständig bedeckt. So wirken sie wie winzige Nacktschnecken und werden damit für Insektenfresser und verschiedene Parasiten uninteressant. Während sich der Schöne Blattschaber im Boden verpuppt, kleben die anderen Arten einen Kokon an die Pflanze, der die Puppe vor Austrocknung schützt. Schon nach weniger als zwei Wochen schlüpfen die Käfer, die nun noch bis in den Herbst an der Pflanze fressen.

Links: Die bis zu 3 cm lange Afterraupe der Braunwurz-Blattwespe rollt sich bei Gefahr zusammen oder lässt sich fallen.

Rechts: Die bis zu 5 cm lange Raupe des Braunwurz-Mönchs bevorzugt Knospen, Blüten und Früchte der Pflanze.

## Noch mehr Spezialisten

Nicht nur die Rüsselkäfer und ihre Larven sind für die Löcher und Fraßschäden an der Braunwurz verantwortlich.

Juni–August

Auch einige Schmetterlingsraupen nagen an den Pflanzen. Die grünen Raupen des Braunwurz-Wald-Mönchs sind auf diese Art angewiesen. Viel auffälliger und einander sehr ähnlich sind jedoch die Raupen des **Braunwurz-Mönchs** *(Cucullia scrophulariae)* und des **Königskerzen-Mönchs** (*Cucullia verbasci*, siehe Seite 203).

Aug.-September

Etwas später im Jahr macht sich oft die Afterraupe der **Braunwurz-Blattwespe** *(Tenthredo scrophulariae)* über die verbliebenen Blätter her. Ihre Puppe überwintert. Im folgenden Jahr schlüpft die schwarz-gelb geringelte Imago. Sie besucht von Mai bis August besonders die Blüten von Doldenblütlern und jagt dort kleine Fliegen und andere Insekten.

## Kenner der Pflanzensystematik

Für uns ist es nicht auf den ersten Blick offensichtlich, wie nah Braunwurz und Königskerze (*Verbascum* spp.) verwandt sind. Hier scheinen die Insekten schlauer zu sein: Einige von ihnen, wie die Mönchsraupen, können auf beiden Pflanzengattungen fressen. Sowohl Braunwurz als auch Königskerze enthalten unter anderem Stoffe aus der Gruppe der Iridoidglykoside (Aucubin, Catalpol), die für viele Fressfeinde giftig sind. Wer beide Pflanzen auf dem Speisezettel hat, musste sich nur einmal an diese Abwehrstoffe anpassen.

Die **Furchenbiene** *Lasioglossum sexnotatum* gehört zu den wenigen Bienen, die gerne die Blüten der Braunwurz besuchen.

*Orobanche* spp.
Sommerwurzgewächse
*(Orobanchaceae)*

# Sommerwurz

## Die Pflanzen

Sommerwurzen gehören zu den parasitischen Blütenpflanzen. Die rund 40 Arten, die es in Europa gibt, lassen sich zum Teil nur schwer unterscheiden. Für die Bestimmung ist es sehr hilfreich, die grünen Nachbarpflanzen zu beachten, die als Wirt für den Parasit infrage kommen. Die oft drüsig behaarten Stängel wachsen bräunlich, gelblich oder rötlich 10–60 cm hoch aus dem Boden. Sie tragen Schuppenblätter und einen ährigen oder traubigen Blütenstand. Die oft duftenden Blüten locken besonders Bienen und

Links: Die Labkraut-Sommerwurz *(Orobanche caryophyllacea)* sitzt auf den Wurzeln von Labkraut *(Galium* spp.). Sie gehört zu den häufigeren Arten dieser Gattung.

Rechts: Die Gelbe Sommerwurz *(Orobanche lutea)* zapft verschiedene Schmetterlingsblütler als Nahrungsquelle an.

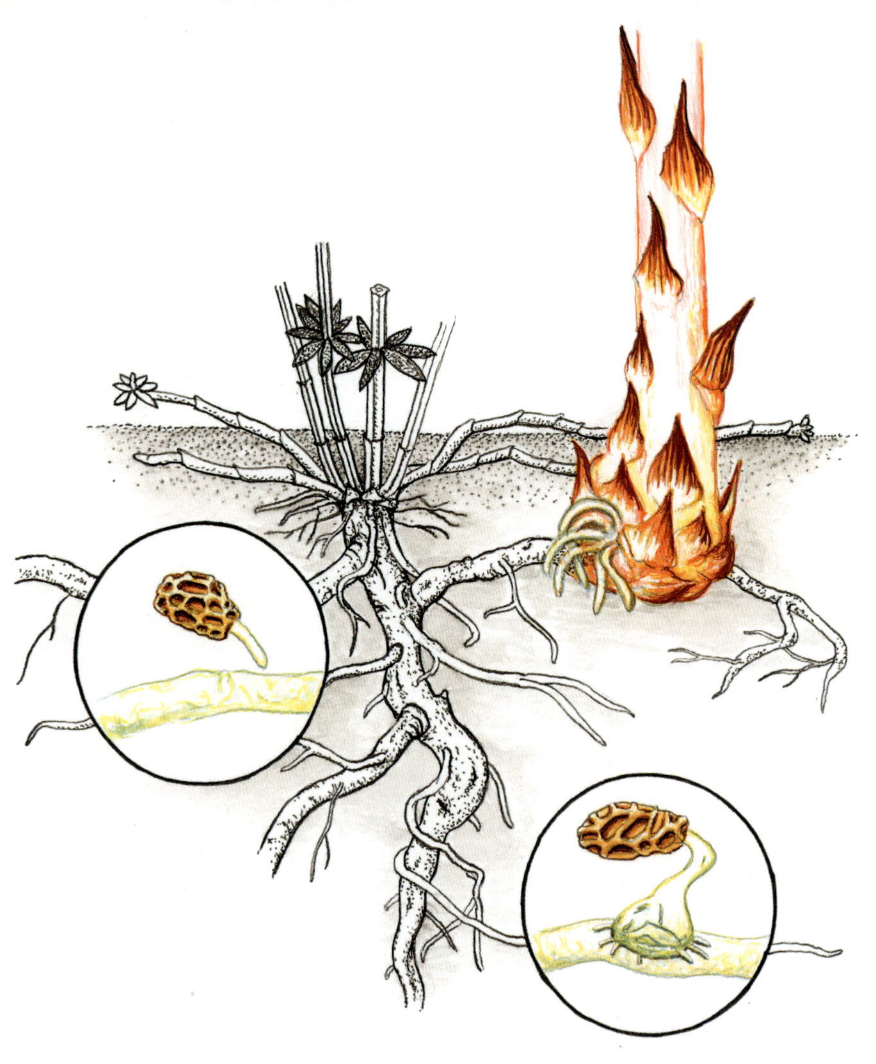

Nur wenn die Wurzel einer passenden Wirtspflanze nah genug heranwächst, wirken genug Pflanzenhormone auf den Samen ein. Jetzt wacht er aus seiner oft mehrjährigen Keimruhe auf. Sein Wurzelfaden dringt in die Wurzel des Wirts ein und bildet am einen Ende ein Haustorium. Am anderen Ende entwickelt sich ein Speicherorgan. Dieses wächst auf der Wurzel zu einer Knolle heran und dient als Vorratslager für die abgezapften Nährstoffe. Ist der Speicher voll und stimmen die Bedingungen, kann der Spross innerhalb weniger Wochen aus dem Boden wachsen und blühen. Reichen die Reserven nicht, kommt die Pflanze nicht zur Blüte. Die wenigen eigenen Wurzeln der Sommerwurz nehmen keine Nährstoffe aus dem Boden auf. Sie helfen jedoch, den Stängel zu stabilisieren und können Haustorien zu weiteren Wurzeln des Wirts bilden.

Hummeln als Bestäuber an, die am Grund der Staubblätter Nektar finden. Die Samen gehören zu den kleinsten und leichtesten im Pflanzenreich – erst etwa eine Million davon wiegen ein Gramm. Jede Kapsel kann 500–5000 Samen enthalten, die der Wind fortträgt. Die riesige Menge erhöht die Wahrscheinlichkeit, dass wenigstens einige an einen Ort gelangen, der ihren speziellen Keimbedürfnissen entspricht.

## Vollpension für Bleichgesichter

Mai–August

Von ihren Nachbarpflanzen unterscheidet sich die Sommerwurz durch das totale Fehlen von Chlorophyll. Sie hat es ebenso wenig nötig wie wir. Bei den grünen Pflanzen neben ihr, die Fotosynthese betreiben und so Kohlenhydrate und Bausteine für alle von ihnen benötigten organischen Stoffe erzeugen, hat der Parasit einen Platz mit Vollpension gefunden: Er sitzt auf der Wurzel einer dieser Pflanzen und saugt alles aus dieser heraus, was er zum Wachsen braucht. Dies geschieht zum Leidwesen des Wirts, dem die entzogene Energie für die eigene Entwicklung fehlt und der deshalb oft kleiner bleibt und weniger Samen bildet als seine verschonten Nachbarn. Aber unschuldig ist das Opfer nicht, hat es doch selbst – ungewollt – den Parasiten in seinen Bann gezogen: Spezielle Pflanzenhormone (Strigolactone), mit denen die Pflanze eigentlich Pilze dazu animiert, eine Mykorrhiza mit ihren Wurzeln auszubilden, wirken auch auf die Sommerwurz. An Stelle einer vorteilhaften Symbiose mit einem Pilz holt sich die grüne Pflanze damit einen Parasiten an ihre Wurzeln. Geringfügige chemische Unterschiede der Hormone sorgen dafür, dass jede Sommerwurzart nur bestimmte Wirte unwiderstehlich findet.

Die zweilippigen Blüten der Sommerwurzen haben einen weit geöffneten Schlund. Bei der Gelben Sommerwurz ist die Narbe dottergelb, bei vielen anderen Arten dunkel.

# Acker-Wachtelweizen

*Melampyrum arvense*
Sommerwurzgewächse
*(Orobanchaceae)*

## Die Pflanze

Die einjährige Pflanze wächst wild relativ selten auf Trockenrasen, an den Rändern von Gebüschen und auf extensiv genutzten, kalkreichen Äckern und Brachen. Heute sind ihre Samen oft in Wildackermischungen enthalten. Wie der Klappertopf (siehe Seite 219) sitzt sie als Halbparasit meist auf den Wurzeln von Gräsern. Ihre oberen Laubblätter sind am Grund gezähnt und leiten zu den purpurrot gefärbten Hochblättern der Blütenähre über. Die Blüten öffnen sich zwischen Mai und August. Ihre 2–2,5 cm lange Krone besitzt eine gelbliche Röhre und zwei meist rötliche Lippen. Ihr Schlund ist fast geschlossen. Nur langrüsselige Hummeln können die Blüten bestäuben, kurzrüsselige brechen oft von unten in die Blüten ein und begehen Nektarraub. Die ovalen Kapselfrüchte enthalten wenige, große Samen.

Juni–September

## Träger auf Abruf

Wenn ihre Samen reifen, möchte die Pflanze die Transportdienste von Ameisen in Anspruch nehmen. Die flinken Tiere sollen die Samen wegschleppen und so für die Ausbreitung des Wachtelweizens sorgen. Als Belohnung für die Träger sitzt an jedem Samen ein großes Elaiosom. Ameisen lieben zwar solche nahrhafte Fresskörperchen (vergleiche Seite 52), aber wenn der Wachtelweizen fruchtet, ist das Angebot an Nahrung riesig. Sie haben genug Auswahl zwischen toten Insekten und anderen Kleintieren, süßen Pflanzensäften, schmackhaften Früchten und vielem anderem. Untersuchungen deuten darauf hin, dass ein Elaiosom für eine Ameise zunächst einmal nichts anderes als ein totes Beutetier ist: eine Futterquelle, die Fette, Eiweiße und Kohlenhydrate in konzentrierter Form liefert und in erster Linie als energiereiche Nahrung für die Larven genutzt wird.

Um in der Nahrungsfülle nicht übersehen zu werden, macht der Wachtelweizen die Ameisen schon frühzeitig auf sich aufmerksam: Bereits zur Blütezeit turnen Arbeiterinnen auf ihm herum und naschen an schwarzen Drüsen auf den Tragblättern der Blüten. In diesen extrafloralen Nektarien finden sie zuckerhaltigen Nektar, eine ideale kohlenhydratreiche Nahrung für die Futtersucherinnen. Sobald sich die Früchte öffnen, entdecken die Ameisen beim Nektarlecken die Samen und tragen sie ins Nest. Es ist dabei auch kein Zufall, dass die Samen in Größe und Aussehen den Puppen der Ameisen verblüffend ähneln. Zum einen können die Tiere so die Samen mit ihren Mundwerkzeugen genauso gut packen und transportieren wie ihre Brut. Zum anderen kann ihr

Eine Ameise erntet Nektar von den schwarzen, glänzenden Nektarien der Tragblätter.

Beschützerinstinkt dazu führen, dass sie die Samen wie ihre eigenen Puppen in ihren Bau in Sicherheit bringen.

Andere Wachtelweizenarten besitzen ebenfalls extraflorale Nektarien. Bei ihnen sind sie jedoch meist farblos und weniger zahlreich, sodass sie kaum auffallen. Auch diese Arten lassen ihre Samen durch Ameisen verbreiten.

Oben: Diese **Wiesen-Waldameisen** *(Formica pratensis)* schleppen Samen des Wachtelweizens in ihr Nest.

Unten: Die Puppen der Wiesen-Waldameisen ähneln den Samen des Acker-Wachtelweizens und werden auf dieselbe Weise zwischen den Mundwerkzeugen getragen.

*Rhinanthus alectorolophus*

*Rhinanthus minor*

Sommerwurzgewächse (*Orobanchaceae*)

# Zottiger Klappertopf
# Kleiner Klappertopf

## Die Pflanzen

Klappertöpfe blühen zwischen Mai und August. Die ersten Blüten öffnen sich bereits etwa zwölf Wochen nach dem Keimen der einjährigen Pflanze, die ersten Früchte reifen etwa drei Wochen später. Die Stängel tragen gegenständig angeordnete, gezähnte Blätter und einseitswendige Trauben mit gelben, zweilippigen Blüten, die Hummeln und Bienen anlocken. Ihre Kelche sind seitlich stark abgeflacht und bleiben um die Früchte erhalten. Die flachen Samen in den Kapseln klappern beim Schütteln. Wind und Tiere streuen sie

Der Zottige Klappertopf wächst oft in großen Beständen auf Wiesen und in Getreideäckern auf meist kalkhaltigen Böden.

Oben: Die eigenen Wurzeln des Klappertopfs sind nur schwach entwickelt.
Links unten: Die Wanze **Gelbes M** *(Hadrodemus m-flavum)* lebt an sonnigen Standorten und saugt an verschiedenen Pflanzen.

Rechts: Die Wurzeln des Klappertopfs stellen über Haustorien direkte Verbindungen zu den Wasserleitungsbahnen ihrer Wirtspflanze her.

aus. Der Zottige Klappertopf ist dicht behaart und hat ca. 2 cm lange Blüten. Der Kleine Klappertopf ist kahl und trägt bis zu 1,5 cm lange Blüten. Er gedeiht auf kalkarmen Magerrasen und in Flachmooren.

## Tauziehen um Nährstoffe

Mai–August

Klappertöpfe leben als Halbschmarotzer. Mit Haustorien an ihren Wurzeln zapfen sie die Wurzeln von über 50 verschiedenen Pflanzenarten aus fast 20 Familien an, wobei sie Gräser und Schmetterlingsblütler bevorzugen. Sie entziehen diesen Wasser und gelöste Nährsalze. Ihre Sprosse enthalten Blattgrün, sodass sie in Bezug auf organische Stoffe ein unabhängiges Leben führen können. Chemische Untersuchungen zeigten aber, dass sie den Kohlenstoff für die organischen Substanzen nicht ausschließlich mittels Fotosynthese gewinnen. Pflanzen des Zottigen Klappertopfs an schattigen Standorten hatten bis zu 50 % ihres Kohlenstoffbedarfs aus ihren Wirtspflanzen gezogen. Um kräftig an den Leitungsbahnen der anderen Pflanze saugen zu können, sorgen sie für einen starken Flüssigkeitsstrom in ihren Leitbündeln. Dazu bleiben die Spaltöffnungen in den Blättern der Klappertöpfe Tag und Nacht geöffnet und verdunsten Wasser. Die meisten anderen Pflanzen schließen diese Poren für den Gasaustausch nachts, wenn sie keine Fotosynthese betreiben können.

Die Wurzeln einer Klappertopfpflanze saugen oft nicht nur an einem Wirt, sondern zapfen gleichzeitig mehrere Pflanzen an. So kann sie sich prächtig entwickeln, während die parasitierten Gewächse kümmerlicher und kleiner bleiben. Kühe finden auf Wiesen mit vielen Klappertöpfen weniger zu fressen – Bauern nennen die Pflanze deshalb «Milchdieb». Forscher haben beim Kleinen Klappertopf auch untersucht, ob seine Saugtätigkeit an Graswurzeln einen Einfluss auf Insekten hat, die auf den Gräsern leben: Heuschrecken, die ganze Blätter fressen, zeigten sich unbeeindruckt. Schaumzikaden starben auf den parasitierten Pflanzen häufig ab. Sie saugen genauso wie die Klappertopfwurzeln an den Wasserleitungsbahnen des Grases und unterlagen offensichtlich im Tauziehen um den Flüssigkeitsstrom. Blattläuse dagegen besiedelten befallene Pflanzen in höherer Zahl und brachten mehr Nachwuchs hervor. Ein Grund könnte sein, dass Läuse einen anderen Teil der Leitbündel anstechen: das Phloem, das organische Stoffe transportiert. Vielleicht liegen die Zucker und Aminosäuren dort konzentrierter vor, wenn ein Klappertopf auf den Wurzeln sitzt. Sicher spielt auch Stress eine Rolle, der den Wirt schwächen und anfällig gegen Parasiten machen kann.

# Gewöhnliches Fettkraut

*Pinguicula vulgaris*
Fettkrautgewächse
*(Lentibulariaceae)*

## Die Pflanze

Das Gewöhnliche Fettkraut wächst in nährstoffarmen Mooren und Moorwäldern sowie an Quellen und von Wasser überrieselten Hängen. Es bildet jedes Jahr aus einer zwiebelartigen Winterknospe eine bis zu 15 cm breite Blattrosette. Die hellgrünen, fleischigen Blätter drücken sich dabei dicht an den nassen Untergrund. Zwischen Mai und August können sich aus der Mitte der Rosette lange Stängel mit je einer bis zu 2,5 cm langen Blüte schieben. Ihre trichterförmige, blauviolette Krone besitzt einen dünnen Sporn und einen weißen Schlundfleck (siehe Seite 19). Die Kapselfrüchte öffnen sich bei trockenem Wetter mit zwei Klappen und entlassen winzige, schwimmfähige Samen.

Juni–August

## Fliegenfang mit Klebestreifen

Frisch entfaltete Blätter fühlen sich auf der Oberseite fettig an und glänzen wie Margarine. Fangdrüsen geben hier einen klebrigen Schleim ab, an dem **Beutetiere** wie am Leim eines Fliegenfängers haften. Berührt ein Insekt eine Fangdrüse, gibt diese weitere Flüssigkeit ab und sinkt dann wie eine ausgedrückte Tube zusammen. Wenn das Insekt strampelt, um loszukommen, bringt es sich selbst immer mehr in Not: Es reizt weitere Drüsen und verklebt vollständig. Die entleerten Fangdrüsen schrumpfen so, dass sich das Blatt ganz langsam vom Rand aus um das Tier einrollt oder eine Mulde bildet. Die von ihnen abgegebene Flüssigkeit stimuliert gleichzeitig die Verdauungsdrüsen. Diese scheiden Enzyme aus, bis die Beute in einer Sekretlache liegt – die Verdauung kann beginnen. Die Enzyme verflüssigen das Innere des Insekts und zerlegen es in Bausteine, die die Pflanze durch kleine Öffnungen in der Wachsschicht der Blattoberfläche aufnehmen kann. Zurück bleibt nur der unverdauliche Chitinpanzer des Tieres.
Einmal benützte Blattflächen können keine Insekten mehr fangen, denn das Fettkraut regeneriert die verbrauchten Drüsen nicht. Stattdessen ersetzt es die Blätter durch neue. Insgesamt ist die Anzahl gefangener Tiere pro Pflanze meist nicht allzu groß. Somit scheint der Gewinn an Nährstoffen für die Pflanze in keinem Verhältnis zum Aufwand zu stehen.
Oder doch? An den meist stickstoffarmen Standorten der Fettkräuter wirkt sich bereits ein geringes Zubrot positiv aus. Erfolgreiche Fliegenfänger werden im Folgejahr bis zu 60 % größer als beutelose Fallensteller. Experimente mit den Pflanzen brachten noch eine weitere Überraschung: Die Pflanzen sind nicht nur Fleischfresser, sondern nutzen auch pflanzliche Kost. Bis zu 50 % des von ihnen aufgenommenen Stickstoffs stammt von eiweißreichem Pollen, den der Wind auf ihre Blätter weht.

Oben: Die Blätter sind nicht überall durch eine Wachsschicht vor Austrocknung geschützt. Deshalb gedeiht die Pflanze nur an sehr nassen Standorten.

Unten: Meistens sind es kleine Mücken und andere fliegende Insekten, die der Pflanze auf den Leim gehen, vielleicht angelockt durch das Glitzern der Schleimtröpfchen.

## Genuss statt Gefahr

Während unten auf den Blättern ein Todeskampf stattfinden kann, saugen Wildbienen den Nektar aus den Blüten in sicherer Höhe. Im Gegensatz zu vielen Sonnentauarten (*Drosera* spp.) schafft es das Fettkraut kaum, größere Insekten einzufangen. Und nicht jeder Fang kommt dem Fänger zugute. In Südspanien konnten Ökologen an einer anderen Fettkrautart beobachten, dass Ameisen, Spinnen und sogar Reptilien gerne die Beute von den Blättern stehlen.

Die schon mit bloßem Auge sichtbaren gestielten Fangdrüsen tragen je einen Tropfen klebrigen Schleims. Zwischen ihnen sitzen in das Blattgewebe eingesenkte Verdauungsdrüsen, über 100 Stück pro $mm^2$.

*Pastinaca sativa*
Doldenblütler
*(Apiaceae)*

# Gewöhnlicher Pastinak

## Die Pflanze

Der Pastinak gedeiht als zweijährige Pflanze an Wegrändern, Böschungen und auf Ödland. Er ist einer unserer wenigen gelb blühenden Doldenblütler und duftet beim Zerreiben süßlich, etwas fenchelähnlich. Aus seiner fleischigen Rübe wächst ein bis über 1 m hoher, gefurchter Stängel mit einfach gefiederten Blättern. Die Blütendolden öffnen sich zwischen Juni und September und locken viele verschiedene Insekten an. Die flachen Früchte zerfallen in schmal geflügelte Teilfrüchte, die von Wind, Wasser und Tieren verbreitet werden.

Auf dieser Dolde haben sich zahlreiche Rote Weichkäfer *(Rhagonycha fulva)* eingefunden.

## 100 % Frauenquote

**Blattläuse** der Gattung *Cavariella* haben sich auf Doldenblütler spezialisiert – manche auf eine einzige Art, andere auf viele von ihnen. Als Jungfrauen gebären sie wie am Fließband eine identische Tochterlaus nach der anderen. Diese pressen schon bald die Enkel aus sich heraus – die Klone wachsen durch diese Jungfernzeugungen fast explosionsartig.

Die krautigen Pflanzen stehen aber nicht das ganze Jahr im Saft. Für die Laus ist dies kein Problem. Sie wechselt bei Bedarf einfach auf einen anderen Wirt. Bei der Gattung *Cavariella* ist dies immer eine Weide (*Salix* spp.). Nur dort vermehrt sie sich sexuell und legt Eier. Dabei vermischt sich das Erbgut des Weibchens wieder mit dem eines Männchens und bietet Chancen für neue Varianten der Gene. Als die Wissenschaftler untersuchten, wie die Läuse von der Weide auf den Pastinak kommen, fanden sie heraus, dass zumindest die Gierschblattlaus den Pastinak riecht. Er enthält Carvon, ein flüchtiges, ätherisches Öl, das auch dem Kümmel sein spezifisches Aroma gibt. Dieser Duftstoff lotst die Läuse auf die Landebahn des Pastinaks oder einen der vielen anderen carvonhaltigen Doldenblütler.

Nicht in jedem eingerollten oder zusammengefalteten Blatt verbirgt sich eine Raupe. Hier hat sich eine Kugelspinne *(Enoplognatha ovata)* ein Paket geschnürt, das sie und ihr Gelege schützt.

### Kein Platz an der Sonne

Viele Doldenblütler wehren sich mit besonderen Giften, den Furanocumarinen, gegen Fressfeinde. Sie schaden Wirbeltieren und sind auch für die meisten Insekten giftig. Nur mit ihnen in Kontakt zu kommen oder sie aufzunehmen, genügt jedoch nicht. Damit die Furanocumarine wirken können, müssen die Tiere zusätzlich noch UV-Licht abbekommen (siehe Seite 122). Biologen zeigten dies an Raupen eines nicht auf Doldenblütler

Die Raupe der unscheinbaren Flachleibmotte *Agonopterix ciliella* rollt die Blättchen des Pastinaks ein, bevor sie sie von innen auffrisst.

spezialisierten Eulenfalters, die sie mit dem Gift des Pastinaks fütterten. Alle bei Tageslicht gehaltenen Raupen starben ab, in der Dunkelheit dagegen überlebte ein großer Prozentsatz der Tiere.

Diesen Trick gegen die chemischen Kampfstoffe nutzen einige auf Doldenblütler spezialisierte **Schmetterlinge** aus: Ihre Raupen rollen die Blätter ein, bevor sie im Innern der Blattrolle mit Fressen beginnen. Das Schutzzelt schirmt sie vor dem Sonnenlicht ab – die Furanocumarine bleiben wirkungslos. Andere Insekten haben einen anderen Weg gewählt. Der Schwalbenschwanz zum Beispiel verkriecht sich nicht unter ein Sonnendach. Seine Raupe macht die Cumarine einfach unschädlich (siehe Seite 122).

Auch verschiedene **Blattläuse** lassen sich von den Furanocumarinen des Pastinaks nicht stören. Die von ihnen angezapften zuckerreichen Leitungsbahnen der Pflanze sind frei von diesen Stoffen. Doch wenn die Pflanzensauger ihre Stilette in die Pflanze stechen, zerstören sie Zellen. Zumindest von der **Gierschblattlaus** *(Cavariella aegopodii)* und der Blattlaus *Aphis heraclella* weiß man, dass sie die Cumarine mit dem Zellsaft aufnehmen können, ohne dass sie ihnen schaden.

## Gift – on demand

Der Pastinak ist eine Pflanze, die den Angriff eines Pflanzenfressers nicht nur registriert, sondern gezielt darauf reagiert: Sie steigert die Produktion der Furanocumarine. Nicht an die Pflanze angepassten Insekten bekommt dies gar nicht: Forscher zeigten an den Raupen der Amerikanischen Gemüseeule *(Trichoplusia ni)*, dass sie sich langsamer entwickeln, wenn sie Pastinakblätter fressen mussten, an denen schon junge Raupen des Schmetterlings genagt hatten.

Die Larven der Möhrengallmücke *(Kiefferia pericarpiicola)* entwickeln sich in Fruchtgallen an verschiedenen Doldenblütlern.

*Heracleum sphondylium*
Doldenblütler
*(Apiaceae)*

# Wiesen-Bärenklau

## Die Pflanze

Dieser Bärenklau gedeiht auf nährstoffreichen Wiesen, an Wegrändern, Ufern und in Hochstaudenfluren. Aus einem dicken Wurzelstock treiben große Blätter und bis zu 1,5 m hohe, borstig behaarte und kantig gefurchte, hohle Stängel. Die bis zu vierfach fiederschnittigen Blätter haben an der Basis eine auffällige Blattscheide. Die großen Dolden mit den meist strahlig vergrößerten Randblüten enthalten zwittrige oder männliche Blüten oder beide Typen. Bei den zwittrigen Blüten öffnen sich zuerst die Staubblätter und geben ihren Pollen ab. Erst wenn alle Blüten einer Dolde das männliche Stadium abgeschlossen haben, werden auch die Narben empfängnisbereit. Mit dieser zeitlichen Trennung verhindert die Pflanze die Selbstbestäubung. Die scheibenförmigen Früchte reifen zwischen Juli und September. Regenwasser schwemmt sie leicht fort. Auch Weidetiere tragen zur Verbreitung bei.

Meistens gehören weit über die Hälfte der Insekten, die auf einer Dolde sitzen, zur Gruppe der Zweiflügler. Hier wird sie von Hain-Schwebfliegen *(Episyrphus balteatus)* und Hausfliegen besucht. Außerdem ist eine Blattwespe (*Tenthredo* sp.) gelandet.

## Kluge Mathematiker

Haben Sie schon einmal beobachtet, wie Schnecken den Algenbewuchs an der Glasscheibe eines Aquariums oder auf einer feuchten, glatten Baumrinde abweiden? Die Fraßspuren winden sich ähnlich regelmäßig wie die Mäander eines Flusses. Die Schnecke befrisst auf diese Weise das Areal möglichst gründlich, ohne ihre eigenen Spuren immer wieder zu kreuzen.

Im Gegensatz dazu graben die Larven vieler **Minierfliegen** scheinbar zufällig unregelmäßige, sich auch überkreuzende Fraßgänge in die Blätter. Wissenschaftler haben herausgefunden, dass dieses «unordentliche» Verhalten nicht mit einem Überfluss an Nahrung im Blattgewebe zusammenhängt. Vielmehr verwirrt es parasitoide Schlupfwespen. Wenn ein Weibchen auf Blättern mit einer Mine landet, sucht es diese nach der Larve ab, um dort seine Eier abzulegen. Bei gewundenen, sich überkreuzenden Gängen oder verzweigten Gangsystemen braucht es viel länger, bis es Erfolg hat – oft bricht es seine Suche schon vorher ab und fliegt zum nächsten Blatt. Mathematische Berechnungen ergaben außerdem, dass die Larve der Minierfliege besonders gut geschützt ist, wenn sie in ihrem Labyrinth an einem der Gangenden sitzt und nicht in der Mitte. Und tatsächlich: Als ob sie rechnen könnten, sitzen die Larven praktisch immer am Gangende.

## Tummelplatz für Insekten

Juni–Oktober

Viele Pflanzen haben komplizierte Blüten entwickelt, die nur eine Gruppe von Insekten – im Extremfall nur eine spezialisierte Art – anlockt. Im Gegensatz dazu setzen Doldenblütler auf Masse: Sie präsentieren in ihren Dolden viele kleine Blüten einer Vielzahl von Besuchern. Forscher beobachteten auf dem Wiesen-Bärenklau in ihrem Untersuchungsgebiet über 100 Arten aus verschiedenen Insektengruppen: Fliegen, Mücken, Bienen, Wespen, Blattwespen, Käfer, Schmetterlinge, Wanzen und andere. Für alle sind die Staubblätter und Stempel gut erreichbar. Auch die großen Nektardrüsen in den Blüten sind frei zugängig. Biologen glaubten deshalb lange Zeit, dass die Blüten der Doldenblütler nicht spezialisiert seien, sondern von der ganzen buntgewürfelten Insektentruppe bestäubt werden. Neuere Studien zeigen nun aber, dass nur wenige der Besucher effiziente Bestäuber sind, die Pollen auf die Narben übertragen. Beim Wiesen-Bärenklau sondern die Nektardrüsen zwar sowohl in der männlichen als auch weiblichen Phase ihren süßen Saft ab. Rund 30 % der beobachteten Insekten mieden jedoch Blüten im weiblichen Stadium. Entweder reichte die Nektarmenge nicht aus, ihnen auch die weiblichen Blüten schmackhaft zu machen, oder sie hatten sich auf Pollen spezialisiert. Obwohl sie also reichlich Pollen verschleppten, bestäubten sie kaum einmal eine Blüte. Besonders wertvolle Bestäuber waren mittelgroße Fliegen wie Goldfliegen (*Lucilia* spp.) und die Engelwurz-Hausfliege *(Phaonia angelicae)*. Auch Schwebfliegen (besonders

Die hellen Spuren auf den Blättern verraten die Fressgänge der Larve einer **Minierfliege** (*Phytomyza spondylii* oder *Phytomyza pastinacae*).

*Eristalis* spp. und *Meliscaeva cinctella*), Käfer der Gattungen Schmalböcke (*Stenurella* spp.), Wollhaarkäfer (*Dasytes* spp.) und Erdhummeln *(Bombus terrestris)* übertrugen recht viel Pollen. Ihre Zahl schwankte aber sehr stark. Deshalb hat der Bärenklau seine Blüten nicht ausschließlich an seine Lieblingsbestäuber angepasst. Als Generalist steht er Änderungen in seiner Umgebung und Schwankungen der Insektenfauna offen gegenüber. So kann er unterschiedliche Standorte mit verschiedenen Bestäubern besiedeln und in fast ganz Europa wachsen.

Die Nördliche Fruchtwanze *(Carpocoris fuscispinus)* saugt von Juni bis Oktober an vielen Pflanzen, bevorzugt aber Doldenblütler und Korbblütler. Häufig sitzt sie an den Früchten des Bärenklaus.

*Daucus carota*
Doldenblütler
*(Apiaceae)*

# Wilde Möhre

## Die Pflanze

Die Wilde Möhre wächst auf Ödflächen und an Wegrändern, gedeiht aber auch in trockeneren Wiesen. Im ersten Jahr entwickelt sie nur zwei- bis dreifach gefiederte Blätter mit schmalen Zipfeln. Im zweiten Jahr bildet sie Stängel mit vielstrahligen, flachen Blütendolden, die von fein fiederteiligen Hüllblättern umgeben sind. Gewöhnlich trägt jede Pflanze verschieden weit entwickelte Dolden. Wie beim Wiesen-Bärenklau (siehe Seite 227) können sie zwittrige oder männliche Blüten enthalten. Die Staubblätter fallen ab, bevor die Narben empfängnisbereit werden. Im Zentrum jedes Blütenstandes sitzen

Auf dieser Dolde haben sich neben verschiedenen Fliegenarten auch einige Rote Weichkäfer niedergelassen.

meistens eine oder mehrere rötliche bis fast schwarze, sterile «Mohrenblüten». Zur Fruchtzeit neigen sich die Doldenstrahlen wie ein Vogelnest zusammen. An abgestorbenen Stängeln spreizen sie bei Trockenheit wieder, sodass die stacheligen Früchte an vorbeistreifenden Tieren hängen bleiben.

## Gedeckter Tisch für alle

Juni–September

In jeder der kleinen Blüten glänzt der von großen Drüsen ausgeschiedene Nektar. Wie bei anderen Doldenblütlern können sich selbst Fliegen mit ihren kurzen Rüsseln und Käfer mit ihren beißenden Mundwerkzeugen daran laben. Auch der Pollen ist leicht zugängig. Kein Wunder, dass mehrere Dutzend verschiedene Insekten als Blütenbesucher bekannt sind. Auch räuberische Insekten wie der **Rote Weichkäfer** *(Rhagonycha fulva)* oder verschiedene **Blattwespen** (*Tenthredo* spp.) finden sich ein. Ob und wenn ja, welche Rolle die Mohrenblüten bei der Anlockung der verschiedenen Bestäubern spielen, ist noch nicht endgültig geklärt. Darwin hielt sie für bedeutungslos. Andere Forscher sehen sie als Fliegenattrappen: Manche Fliegenarten wie etwa die **Stubenfliege** *(Musca domestica)* folgen einem Herdentrieb, der dazu führt, dass sie am liebsten dort landen, wo bereits andere Fliegen sitzen. Räuberische Blattwespen attackieren manchmal die Mohrenblüten, als ob es sich um Beutetiere handeln würde. Viele Insekten fliegen die Dolden jedoch unabhängig davon an, ob Mohrenblüten vorhanden sind oder fehlen.

Links: Der Schwalbenschwanz *(Papilio machaon)* legt seine Eier im Flatterflug ab. Gerne nützt er hierfür junge Wilde Möhren, die an offenen Stellen wachsen.

Rechts: Die Streifenwanze *(Graphosoma lineatum)* ist auf Doldenblütler angewiesen. Sowohl ihre Larven als auch die auffälligen erwachsenen Tiere saugen an den Früchten.

## Gefahr in der Dolde

Juni–August

Mit unseren Augen können wir das weiße Weibchen der **Veränderlichen Krabbenspinne** *(Misumena vatia)* auf der Möhrendolde kaum erkennen. Doch sowohl die Insekten, die als Beutetiere getäuscht werden sollen, als auch Vögel, denen die Spinnen eine willkommene Nahrung wären, haben einen anderen Sehsinn. Wissenschaftler haben festgestellt, dass die Spinne mit der von ihr getroffenen Farbwahl den bestmöglichen Kompromiss eingeht. So bleibt die auf einem weißen Doldenblütler ebenfalls weiße Krabbenspinne für Schmeißfliegen vollkommen unsichtbar. Bienen können sie aus der Ferne nicht entdecken, wohl aber aus der Nähe – aber nicht immer rechtzeitig, um ihr zu entkommen. Hat eine Honigbiene *(Apis mellifera)* schlechte Erfahrungen gemacht, kann sie ihre Artgenossen mit einem speziellen Schwänzeltanz vor der Gefahr warnen. Sperlingsvögel müssen auf mindestens 50 cm an die Spinne herangekommen sein, bevor sie sie wahrnehmen. Dies scheint ein guter Schutz zu sein: Ein Wissenschaftler zählte vor einigen Jahren, dass unter mehr als 10 000 Spinnen, die von Vögeln gefressen wurden, nur vier Exemplare der Veränderlichen Krabbenspinne waren.

Unbeweglich lauert die Veränderliche Krabbenspinne auf Beute. Diese packt sie, indem sie ihre angewinkelten, langen Vorderbeine blitzartig vorschnellt.

## Chamäleon unter den Spinnen

Die Veränderliche Krabbenspinne trägt ihren Namen zu Recht: Je nach Untergrund bleibt das Weibchen weiß oder färbt sich grünlich oder gelb. Das Weiß kommt durch Guaninkristalle zustande. Diese stickstoffhaltige Substanz ist ein Endprodukt des Stoffwechsels und findet sich auch in Vogelkot und in Fischschuppen. Sobald die Spinne einen flüssigen gelben Farbstoff in die Hautschicht darüber einlagert, verdeckt dieser die weißen Kristalle. Um bleich zu werden, verschiebt sie den Farbstoff wieder ins Körperinnere. Wenn sie lange auf weißen Blüten sitzt, scheidet sie ihn aus und muss ihn dann beim nächsten Umzug neu bilden. Jungspinnen und die viel kleineren, dunkleren Männchen können ihre Farbe nicht wechseln.
Die Spinne selbst ist recht häufig. Ihren Farbwandel können Sie aber nur beobachten, wenn Sie viel Geduld haben: Weiße Spinnen, die auf gelbe oder anders gefärbte Blüten umziehen müssen, färben sich innerhalb von 10–25 Tagen um. Wenn Sie ein gelbes Exemplar finden, setzen Sie es doch einmal auf eine Pflanze mit weißen Blüten, am besten einen Doldenblütler oder eine Schafgarbe. Nach rund sechs Tagen können Sie sich davon überzeugen, dass es seine Färbung verloren hat – vorausgesetzt, Sie entdecken die nun wieder gut getarnte Spinne.

Auf dunklem Untergrund hebt sich die gelbe Spinne gut ab. Hier nützt sie offensichtlich die Vorliebe von Bienen und Hummeln für starke Farbkontraste aus.

*Dipsacus fullonum*
Geißblattgewächse
*(Caprifoliaceae)*

# Wilde Karde

## Die Pflanze

Die stachelige, an eine Distel erinnernde Karde wächst häufig auf Ödflächen, an Wegrändern und Dämmen. Aus der Mitte der Blattrosette des ersten Jahres schiebt sich nach dem Winter ein bis zu 2,5 m hoher, steifer Stängel. Seine gegenständigen Blätter bilden an der Basis eine Tüte, in der sich besonders kurz vor und während der Blütezeit Regenwasser sammelt. Nach einem starken Niederschlag können dies bis zu 100 ml pro Tüte und über einen halben Liter pro Pflanze sein. In diesen Wasserbecken ertrinken fast regelmäßig Insekten, Spinnen und sogar Schnecken. Sie verwandeln den Inhalt in eine mehr oder weniger trübe, stinkende Brühe. Die hell blauvioletten Blüten stehen in den zylindrischen, bis zu 8 cm langen Blütenköpfen.

## Gut gedeckte Tische

Juli-August

Die Blüten bieten tief in ihren Röhren Nektar, der viele Bienen, Hummeln und Schmetterlinge als Bestäuber anlockt.

September-März

Die kleinen Nüsse sitzen auch an den bereits abgestorbenen Pflanzen noch tief zwischen den Tragblättern. Wenn vorbeistreifende Tiere die Stängel biegen und diese elastisch zurückschnellen, werden die Früchte bis zu mehreren Metern weit weggeschleudert. Bis weit in den Winter fallen Scharen von **Distelfinken** *(Carduelis carduelis)* und andere Samen fressende Vögel in die Kardenbestände ein und bearbeiten die Fruchtstände auf der Suche nach den nahrhaften Früchten.

Die Blüten öffnen sich nacheinander über mehrere Tage in Ringen – ganz ungewöhnlich in der Mitte des Kopfes beginnend.

## Rätselhafte Regenwasserbehälter

Juli–August

Die Wassertüten faszinieren Naturkundler schon seit Langem. Die Erklärung, dass die Pflanze in den Tüten das Wasser für Trockenzeiten speichert, erschien ihnen zu einfach. Weggesellen der Karde kommen auch ohne einen solchen Wasservorrat aus und gedeihen prächtig. Nach einer zweiten Hypothese haben die Wasserbecken eine ähnliche Schutzfunktion wie früher Burggräben: Sie sollen flügellose Insekten und andere Tiere daran hindern, bis zu den Blütenköpfen zu klettern. Doch die Verteidigungsanlage funktioniert nur, wenn keine anderen Klettermöglichkeiten in der Nähe sind. Besonders Ameisen wieseln flink über abenteuerliche Umwege in die oberen Stängelbereiche der Karde und melken dort Blattläuse. Die dritte Hypothese geht bis in die 1870er-Jahre zurück. Der britische Botaniker Sir Francis Darwin glaubte, dass die Karde von den verendeten Tieren profitiert. Sein Vater, der berühmte Charles Darwin, unterstützte ihn in dieser Annahme. 1923 ging sein Landsmann Miller Christy sogar noch weiter. Er meinte, die Karde sei eine fleischfressende Pflanze, die ähnlich wie eine Kannenpflanze (*Nepenthes* spp.) Tiere anlockt, fängt und verdaut, um für ihr Wachstum notwendigen Stickstoff zu gewinnen. Doch eine typische fleischfressende Pflanze ist mehrjährig und besiedelt einen nährstoffarmen Standort, bei dem sie das Zubrot dringend benötigt. Diese Punkte erfüllt die Karde nicht. Der Einzug in Standardwerke über fleischfressende Pflanzen blieb ihr deshalb bisher verwehrt.

Erst kürzlich untersuchten britische Wissenschaftler nun eine Frage genauer, die das Blatt wenden kann: Gewinnt die Pflanze Stickstoff aus den Tieren? Sie fanden heraus, dass die Wasserleichen nicht darüber entscheiden, wie groß oder kräftig die Pflanze wächst. Dies

In diesem Wasserbecken sind zahlreiche Beerenwanzen *(Dolicoris baccarum)* ertrunken.

hängt vielmehr von der Größe der überwinternden Blattrosette ab, also davon, wie gut sich die Pflanze im ersten Jahr entwickeln konnte. Aber: An Pflanzen, die tote Tiere im Wasserbecken hatten, reiften bis zu 30% mehr Früchte aus. Offensichtlich nützt die Pflanze die Stickstoffquelle also tatsächlich! Damit ist der Vorhang zu ihren Geheimnissen einen Spalt breit gelüftet. Bis es «Bühne frei» für einen echten Fleischfresser heißen könnte, sind aber noch spannende Fragen zu klären: Haben die Beckenwände spezielle Strukturen, damit die Opfer abrutschen? Bildet die Pflanze Verdauungsenzyme, die die Insekten zersetzen? Wie nimmt sie den Stickstoff aus den Becken auf?

Links: Die Beerenwanze saugt gerne an Him- und Brombeeren. Auch andere Pflanzen und deren Früchte sowie Blattläuse und Insekteneier gehören zu ihrem Nahrungsspektrum.

Rechts: Wenn Distelfinken die Früchte suchen, fällt ein Teil davon zu Boden und legt den Grundstein für die nächste Generation.

# Acker-Witwenblume

*Knautia arvensis*
Geißblattgewächse
*(Caprifoliaceae)*

## Die Pflanze

Auf artenreichen Mähwiesen, an Rainen und Wegrändern hebt die Witwenblume ihre Blütenköpfe bis zu 80 cm hoch. Die Staude trägt gegenständige, fiederspaltige Laubblätter, die nach oben hin kleiner und spärlicher werden. So fallen besonders die nur leicht gewölbten, 2–4 cm breiten Blütenköpfe auf. Die hellvioletten Blüten sind von schalenförmig angeordneten Hüllblättern umgeben. Bei den Kronen der Randblüten sind die äußeren Zipfel stark verlängert, sodass das Körbchen besonders füllig wirkt. Die Nussfrüchte tragen noch die Reste der hellen Kelchborsten. An ihrem Grund sitzt ein Elaiosom, das Ameisen anlockt.

Mai-September

## Tummelplatz

Wer sich für blütenbesuchende Insekten interessiert, kommt bei der Witwenblume auf seine Kosten. Wenn irgendwo in der Nähe **Widderchen** (Gattung *Zygaena*, siehe auch Seite 92) leben, so finden sie sich zuverlässig auf deren Blütenköpfchen ein und tanken Nektar. Diese Schmetterlinge bevorzugen blaue und violette Blüten. Neben Witwenblumen fliegen sie besonders Disteln, Flockenblumen, Natternkopf, Oregano und Skabiosen an. Untersuchungen zeigen, dass zumindest Männchen des **Sumpfhornklee-Widderchens** *(Zygaena trifolii)* auf eine Duftkomponente der Knautienblüten reagieren. Bestimmte Inhaltsstoffe ähneln offensichtlich den Sexualhormonen der Schmetterlinge. Der Duft alleine reicht jedoch nicht aus, die Tiere anzulocken. Sie fliegen Futterquellen erst an, wenn neben dem Parfüm auch die blaue Farbe stimmt und Nektar vorhanden ist. Auch andere Schmetterlinge, Hummeln und Bienen lassen sich regelmäßig an den Blüten beobachten.

Mai-August

## Rosa Höschen

Mit etwas Glück können Sie die **Knautien-Sandbiene** *(Andrena hattorfiana)* beobachten. Diese 13–16 mm große solitäre Bienenart hat sich auf die Acker-Witwenblume spezialisiert. Gelegentlich besucht sie auch die Wald-Witwenblume *(Knautia dipsacifolia)* und die Tauben-Skabiose *(Scabiosa columbaria)*. Beide Geschlechter saugen Nektar an den Blüten. Die Weibchen sammeln zusätzlich den typisch gefärbten Pollen für ihren Nachwuchs. Nach erfolgreicher Sammeltätigkeit fallen sie mit ihren Pollenhöschen schon von Weitem auf.

Untersuchungen in Schweden haben ergeben, dass ein Weibchen bei jedem Besuch mehr Pollen aberntet und auch mehr Pollen auf die Narben ablädt als jeder der nicht spezia-

Oben: Eine solche Wiese bietet der Knautien-Sandbiene eine ideale Lebensgrundlage.

Unten: Die Knautien-Sandbiene gehört zu unseren schönsten Bienen. Ihr Hinterleib glänzt schwarz und ist im vorderen Bereich oft rot gefärbt.

lisierten anderen Insektenbesucher. Für die Pflanze sind solche effizienten Pollenüberträger sehr wertvolle Bestäuber. Für seinen Nachwuchs gräbt das Bienenweibchen ein Nest an vegetationsarmen Stellen in den Boden. Dort legt es 5–10 Brutzellen an, in die es Pollen einträgt und jeweils ein Ei legt. Eine Biene erntet dabei für jede Larve im Schnitt 72 Blütenköpfe der Witwenblume ab. Für eine stabile Bienenpopulation sind demnach größere Bestände mit Witwenblumen erforderlich. Diese müssen außerdem über längere Zeit blühen. Häufige Mahd und Düngung entziehen der Biene die Lebensgrundlage. In vielen Gegenden ist sie deshalb selten geworden und gilt als gefährdet.

Sechsfleck-Widderchen *(Zygaena filipendula)* gehören zu den häufigsten Widderchen.

*Campanula* spp.
Glockenblumengewächse
*(Campanulaceae)*

# Glockenblume

## Die Pflanzen

In Mitteleuropa gedeihen über 20 verschiedene Glockenblumenarten. Sie besitzen wechselständige, ungeteilte Laubblätter und fünfzählige Blüten mit glockigen oder trichter- bis sternförmigen, meist blauen Kronen. Die Blüten erreichen noch in der Knospe ihr männliches Stadium: Die Staubbeutel, die dem flaschenbürstenartigen Griffel dicht anliegen, öffnen sich auf der dem behaarten Griffel zugewandten Seite und geben ihren Pollen frei. Gleichzeitig schrumpfen die Staubblätter zusammen. In der geöffneten Blüte liegen sie verwelkt am Grund. Ihr klebriger Pollen haftet nun auf der Griffelbürste und präsentiert sich blütenbesuchenden Insekten. In vollständig offenen Blüten ist der Griffel meist schon nach kurzer Zeit eine pollenfreie Kletterstange. Auch die Griffelhaare haben sich nun zurückgezogen. Erst jetzt spreizen sich die 3–5 Narbenäste und können mit fremdem Pollen bestäubt werden. Die Samen entwickeln sich in Kapseln, die sich bei der Reife mit Poren öffnen. Durch diese streuen der Wind oder Tiere die Samen aus.

### Unter den Nachtrock geschaut

Wenn Sie abends oder frühmorgens an Glockenblumen mit geneigten Blüten vorbeikommen, sollten Sie diesen einmal in die Glocke schauen: Bienen nutzten sie gerne als Schlafplatz. Die Kuppel schützt sie vor Regen, Wind und manchem Feind. Hier hat es sich ein Männchen der Glockenblumen-Sägehornbiene in einer ausnahmsweise nur vierzipfeligen Blüte einer Rundblättrigen Glockenblume *(Campanula rotundifolia)* für die Nacht gemütlich gemacht.

Mai–Oktober

## Pollen von der Bürste

Glockenblumen sind bei vielen Bienen beliebt. Einige haben sich sogar ausschließlich darauf spezialisiert. Hierzu gehören die **Scherenbienenarten** *Chelostoma rapunculi, Chelostoma distinctum* und *Chelostoma campanularum* sowie die **Glockenblumen-Sägehornbiene** *(Melitta haemorroidalis)*. Die Weibchen folgen dem spezifischen Duft der Blüten und sammeln deren Pollen von der Griffelbürste als ausschließliche Nahrung für ihre Brut. Männchen und Weibchen nutzen die Blüten auch als Paarungsplatz sowie als Nektartankstellen für ihre eigene Ernährung. Bei der Rapunzel-Glockenblume *(Campanula rapunculus)* konnten Biologen zeigen, dass Scherenbienen über 95 % des angebotenen Pollens für ihre Brut sammeln. Als die Forscher die Brutzellen der Bienen untersuchten, stellten sie fest, dass rund 4,9 Millionen Pollenkörner notwendig sind, um eine einzige Larve zu versorgen. Im untersuchten Fall standen der Glockenblume damit weniger als 4 % ihres Pollens für die Bestäubung der Blüten zur Verfügung. Dies war aber immer noch ein Vielfaches davon, was zur Befruchtung der Samenanlagen erforderlich gewesen wäre.

Links: Diese Wildbiene ruht am Griffel einer Acker-Glockenblume *(Campanula rapunculoides)*. Die Blüte befindet sich kurz vor dem weiblichen Stadium. Der Pollen ist abgeerntet, die Griffelhaare haben sich bereits weitgehend zurückgezogen. Die Narben sind jedoch noch nicht entfaltet.

Rechts: In dieser Blüte der Nesselblättrigen Glockenblume *(Campanula trachelium)* findet die Sandbiene (*Andrena* sp.) noch reichlich Pollen an der Pollenbürste.

Die ca. 3 mm großen Glockenblumenrüssler (Gattung *Miarus*) legen ihre Eier in die Fruchtknoten von Glockenblumen. An den Bohrstellen tritt etwas Milchsaft aus, der auf den Kinderstuben noch lange als Kruste erkennbar bleibt.

# Weidenblättriges Rindsauge

*Buphthalmum salicifolium*
Korbblütler
*(Asteraceae)*

## Die Pflanze

Die bis zu 60 cm hohe, wenig verzweigte Staude wächst auf Kalk-Magerrasen des Berglandes bis hinauf an die Waldgrenze der Alpen. Die wechselständigen Blätter sind lanzettlich. Die Blütenkörbchen stehen einzeln oder zu wenigen an den Enden der Triebe und öffnen sich von Juni bis September. Sie bestehen aus 2–3 mm breiten goldgelben Zungenblüten und sehr vielen gleichfarbigen Röhrenblüten.

Mai-September

## Hauptsache gelb

Korbblütler präsentieren ähnlich wie Doldenblütler ziemlich einfach gebaute, leicht zugängige Blüten. Sogar Käfer, die viel weniger intelligent als Bienen sind, können diese als Nahrungsquelle nutzen. Allerdings gehen diese ursprünglichen Insekten nicht gerade zimperlich mit den Blüten um. Sie fressen nicht nur Pollen und Nektar, sondern auch ganze Blüten. Hier zeigt sich ein Vorteil der Korbblütler: Jedes Körbchen vereint eine große Zahl von kleinen Einzelblüten – muss die Pflanze einige davon opfern, hält sich der Schaden in Grenzen.

Blütenbesuchende Käfer bevorzugen in der Regel Blüten mit fruchtigem oder fäkalienartigem Geruch. Da ihr Sehsinn nicht besonders gut entwickelt ist, spielt die Farbe

Links: Der 6–8 mm große Seidige Fallkäfer glänzt metallisch grün oder goldfarben. Seine Flügeldecken sind dicht punktiert und wirken wie zerknittertes Stanniolpapier. Auch die grüne Afterraupe auf dem Foto frisst auf dem Rindsauge.

Rechts: Der Zottige Rosenkäfer ist ca. 1 cm groß. Er liebt Trockenheit und Wärme und fliegt im Mai und Juni.

für sie nur eine untergeordnete Rolle. Die meisten Käferblumen sind weiß, schmutzig gelb oder braun. Umso erstaunlicher scheint es, dass einige Käfer eine Vorliebe für leuchtend gelbe Blüten entwickelt haben. Der **Seidige Fallkäfer** *(Cryptocephalus sericeus)* bevorzugt gelbe Korbblütler, der **Zottige Rosenkäfer** *(Tropinota hirta)* sitzt meist auf gelben Korbblütlern oder Hahnenfüßen, der **Rapsglanzkäfer** (*Brassicogethes aeneus,* siehe Seite 268) wird von Raps und anderen gelben Blüten magisch angezogen. Diese Beziehungen sind jedoch eher einseitig entstanden: Die Pflanzen haben sich mit ihrer Farbwahl nicht an diese Bestäuber anpasst. Sie locken lieber weniger zerstörerische Insekten wie Bienen oder Fliegen an. Vielmehr meinen die Käfer wohl, besonders ertragreiche Quellen für den nährstoffreichen, gelben Pollen entdeckt zu haben.

Die Blütenkörbchen haben einen Durchmesser von 3–6 cm.

# Gewöhnlicher Beifuß

*Artemisia vulgaris*
Korbblütler
*(Asteraceae)*

## Die Pflanze

Die aromatisch riechende Staude bildet an Wegrändern, an Ufern und in Kiesgruben meist mehrere gerade Stängel. Ihre fiederteiligen Laubblätter tragen unterseits einen weißen Haarfilz. Die sehr zahlreichen, 2–3 mm breiten Blütenkörbchen bilden eine dichte, endständige Rispe. Sie bestehen aus gelben oder rötlich braunen Röhrenblüten, die von einer filzig behaarten Hülle umgeben sind. Die Blüten öffnen sich von Juli bis September. Sie locken kaum Insekten an. Meistens weht der Wind den staubigen Pollen auf die Narben. Die kahlen Früchte reifen ab September. Dann spreizen sich die Hüllblätter, sodass der Wind hineinblasen kann. Auch Sperlinge und andere samenfressende Vögel verbreiten einen Teil der Früchte, wenn sie die Körbchen auf Futtersuche mit ihren Schnäbeln zerhacken.

Juli-Oktober

## Tarnung ist alles

Haben Sie die **Schmetterlingsraupen** auf den Fotos gesehen? Nicht auf den ersten Blick? Dann sind Sie auf die perfekte Tarnkleidung hereingefallen, die die Raupen dieser drei Möncharten während der Evolution entwickelt haben. Raupen, die zu auffällig waren, wurden von Vögeln oder anderen Fressfeinden verspeist. Je unscheinbarer das Tier in der Pflanze saß, desto größer war die Wahrscheinlichkeit, nicht entdeckt zu werden und zu überleben. So wurde über Generationen hinweg das beste Tarnkleid belohnt und damit perfektioniert. Doch nützt das der Raupe nichts mehr, wenn es ein weidendes Tier nicht auf den Eiweißhappen, sondern auf die Pflanze selbst abgesehen hat. Zum Glück für die Raupen schmeckt den meisten Pflanzenfressern der Beifuß zu bitter. Ziegen rupfen jedoch rücksichtslos die Stängel mitsamt den Raupen – und nehmen wahrscheinlich gar nicht wahr, was sie zusätzlich zwischen den Zähnen hatten.

Oben: Aus der Ferne wirkt der bis zu 2 m hohe Beifuß wie ein graugrüner Strauch.

Unten: Die Raupe des Feldbeifuß-Mönchs *(Cucullia artemisiae)* ähnelt den Blütenständen besonders perfekt.

Oben: Die Raupe des Beifuß-Mönchs *(Cucullia absinthii)* frisst hauptsächlich an den Blütenständen der Pflanze.

Unten: An Wildstandorten des verwandten Absinth *(Artemisia absinthium)*, wie zum Beispiel im Wallis, tarnt sich die Raupe eines weiteren Mönchsfalters *(Cucullia santonici)* im Blattwerk.

Links: Wie seine Verwandten ist der Beifuß-Mönch auch als erwachsener Eulenfalter hervorragend getarnt. Ihren Namen hat diese Faltergruppe wegen der Rückenbehaarung erhalten, die wie die Kapuze einer Mönchskutte bis über den Kopf reicht.

*Senecio jacobaea*

*Senecio erucifolius*
Korbblütler *(Asteraceae)*

# Jakobs-Greiskraut
# Raukenblättriges Greiskraut

## Die Pflanzen

Das Jakobs-Greiskraut besiedelt gestörte Stellen in Weiden und Wiesen sowie stickstoffreiche Krautfluren. Es bildet bis zu 1 m hohe, aufrechte Stängel. Von den wechselständigen, kahlen oder schwach spinnwebig behaarten Blättern sind besonders die oberen deutlich fiederschnittig. Der Stängel endet mit einem großen Blütenstand, der zahlreiche, 1,5–2 cm breite Blütenkörbchen umfasst. Sowohl die 12–15 Zungen- wie auch die Röhrenblüten sind gelb. Die Früchte tragen einen Haarschopf, der Pate für den Namen «Greiskraut» war. Das Raukenblättrige Greiskraut ist sehr ähnlich, bildet aber Ausläufer. Seine Blätter tragen eine deutlichere spinnwebige Behaarung auf beiden Seiten. An den Blütenkörbchen stehen einige äußere Hüllblätter etwas ab. Diese Art gedeiht eher an Bahndämmen, Straßenböschungen und in Riedwiesen.

## Bittere Pracht

Juni–Oktober

Kein **Weidetier** frisst die Greiskräuter ab – penibel frisst es um die Stängel herum. Beißt es doch einmal hinein, so warnt ein bitterer Geschmack vor dem weiteren Genuss. Das Tier tut gut daran, die Warnung ernst zu nehmen, denn Greiskräuter enthalten Pyrrolizidin-Alkaloide. Bei diesen Stoffen ist nicht nur der Name ein Zungenbrecher, ihre Wirkung kann tödlich sein. Bei Wirbeltieren werden sie in der Leber abgebaut und schädigen dabei die Leberzellen. Letztendlich führt dies zu Leberversagen oder Tumoren.

Links: Dieses Pferd reagiert richtig: Wüsste es nichts von der Gefahr, könnte es sich in weniger als einem Tag an dem Jakobs-Greiskraut zu Tode fressen.

Rechts: Die Blütenkörbchen des Jakobs-Greiskrauts öffnen sich von Juni bis August.

Können sich die Pflanzenfresser ihre Nahrung nicht selbst auf der Weide suchen, erkranken sie häufiger. Im Heu oder abgemähten Grünfutter erkennen sie die gefährlichen Stängel nämlich nicht.

## Kampf mit fremden Waffen

Wer es geschafft hat, sich an die Abwehrmechanismen der Pflanze anzupassen, ist fein heraus: Ungewollt hält dann das Greiskraut dem fressenden Tier die nicht resistente Konkurrenz vom Leib. Eine solche Beziehung erweist sich dann als besonders ausgefeilt, wenn der Pflanzenfresser sogar noch die Waffen der Pflanzen beschlagnahmt und sich damit selbst schützt. Diesen Trick nützen einige hoch spezialisierte Insekten. Der bekannteste von ihnen ist der **Jakobskraut-Bär** *(Tyria jacobaea)*.

Juni–August

Die aus den Eiern geschlüpften Jungraupen dieses Nachtfalters sind unauffällig blaugrün gefärbt. Mit jeder Häutung werden sie auffälliger, bis sie eine deutlich schwarz-gelb geringelte Warnweste tragen. Das Signal «Vorsicht Gefahr» senden sie zu Recht: Sie fressen mit ihrer Futterpflanze auch deren giftige Alkaloide. Ihnen selbst machen diese nichts aus. Die Raupen besitzen besondere Enzyme, die die Gifte lahm legen. In dieser sicheren Form wie mit Handschellen gefesselt speichert die Raupe sie nun zu ihrer eigenen Verteidigung. Selbst bei der Metamorphose der Raupe über die Puppe zum Schmetterling bleiben die Abwehrstoffe erhalten. Somit trägt also auch der fertige Nachtfalter seine schwarz-rote Warnfärbung zu Recht. Die Alkaloide spielen sogar bei der Paarung eine Rolle. Biologen haben beobachtet, dass Männchen, die besonders viele Giftstoffe gespeichert haben, den besten Erfolg bei Weibchen haben. Sie übertragen bei der Paarung neben dem Samenpaket auch eine größere Alkaloidmenge auf das Weibchen. Dieses nutzt das Gift zusätzlich zu den selbst gespeicherten Alkaloiden, um seine Eier gegen Fressfeinde noch besser zu imprägnieren.

Links: Der Nachtfalter ähnelt einem Widderchen (siehe Seite 91). Wegen seiner Färbung trägt er auch den Namen Blut-Bär. Er fliegt von Mai bis August.

Rechts: Die Jakobs-Kreuzkraut-Blattläuse *(Aphis jacobaeae)* werden von einer Ameise (Gattung *Formica*) besucht.

Während die jüngeren Raupen des Jakobskraut-Bärs auf den Blättern sitzen, fressen die älteren Raupen gerne an den Knospen und Blütenkörbchen, hier auf dem Raukenblättrigen Greiskraut.

Der Jakobskraut-Bär erkennt auch andere Pflanzen mit Pyrrolizidin-Alkaloiden, wie beispielsweise den Huflattich *(Tussilago farfara)*. Er weicht jedoch nur auf diesen aus, wenn nicht genügend Greiskräuter in seinem Lebensraum vorhanden sind, zum Beispiel in den höheren Lagen der Alpen.

## Dreiecksbeziehung

So gut mit Giften gewappnet, wie sich der Jakobskraut-Bär präsentiert, sollte man eigentlich meinen, dass er kaum einmal im Kampf um die Futterpflanze den Kürzeren zieht. Aber er ist nicht der einzige, der mit den Alkaloiden klarkommt. Unter anderen haben sich auch einige **Blattlausarten** an die Pflanze angepasst. Sie verhindern, dass die von ihnen besiedelten Greiskräuter von anderer Konkurrenz kahl gefressen werden: Ihr zuckerhaltiger Kot lockt Ameisen an. Diese sammeln den süßen Honigtau und schützen im Gegenzug dafür den Lebensraum der Läuse vor hungrigen Schmetterlingsraupen. An der Blattlaus *Aphis jacobaeae* haben Forscher untersucht, wie effizient ihr Pakt mit Wegameisen (*Lasius* spp.) funktioniert: Auf keiner der verlausten Pflanzen konnte sich eine Raupe des Jakobskraut-Bärs halten.

Hier saugt die Große Pflaumenblattlaus *(Brachycaudus cardui)* am Rauken-blättrigen Greiskraut. Bei dieser Art wechseln die Generationen zwischen verschiedenen Korbblütlern und Pflaumen oder Kirschen (*Prunus* spp.).

*Cirsium* spp.
Korbblütler
*(Asteraceae)*

# Kratzdistel

## Die Pflanzen

Die über zehn bei uns vorkommenden Kratzdistelarten zeichnen sich durch mehr oder weniger stachelige Blätter aus. Teilweise laufen diese an den Stängeln herab, sodass auch diese ein Stachelkleid tragen. Die endständigen Blütenkörbchen werden je nach Art 1–7 cm groß. Die oft typisch ausgeformte Hülle umgibt viele fünfzipfelige Röhrenblüten. Die Früchte tragen einen Kranz aus gefiederten Haaren. Hierin unterscheiden sie sich von den Ringdisteln (Gattung *Carduus*), bei denen diese Haare ungefiedert sind.

## Leben im Fakirkissen

April-Oktober

Die stacheligen Disteln bleiben auf Weiden stehen – die Mäuler der Pflanzenfresser zucken genauso vor ihnen zurück wie wir, wenn wir die Pflanzen anfassen. Was eine

Ein Pärchen des Distelrüsslers (*Larinus* sp.) sitzt hier an der Gewöhnliche Kratzdistel (*Cirsium vulgare*).

wirksame mechanische Waffe gegen größere Tiere ist, kann zum geschützten Refugium für kleinere Arten werden: Raupen, Käfer und andere sitzen zwischen den Dornen. Der Staketenzaun wirkt zwar nicht gegen parasitierende Insekten oder Vögel, wohl aber gegen insektenfressende Säuger und das zufällige Verschlucktwerden durch Weidetiere. Die Disteln bauen auf diese mechanische Abwehr und verzichten auf wirkungsvolle chemische Kriegsführung. Außer Bitterstoffen haben sie hier nichts zu bieten. Vielleicht erklärt dies teilweise, warum die Disteln ähnlich vielen Organismen einen Lebensraum bieten wie ein Hochhaus: Auf dem Dach der Blütenkörbchen herrscht reger Flugverkehr von **Schmetterlingen, Bienen**, **Hummeln** und anderen Insekten, die sich am Nektar oder Pollen laben. Im Penthouse bei den Samen entwickeln sich die Larven von **Bohrfliegen**, **Distelrüsslern** und vielen anderen. Später suchen **Distelfinken** und andere Vögel die Fruchtkörbchen nach den nahrhaften Samen ab. Die Blattetagen beherbergen Schmetterlingsraupen wie die des **Distelfalters** *(Vanessa cardui)* und der nicht spezialisierten **Gammaeule** (*Autographa gamma)*. Auch die Larven und Imagines des **Distel-Schildkäfers** (*Cassida rubiginosa*, Seite 180) sind hier zu Hause. Der Stängel – das «Treppenhaus der Pflanze» – bietet im Innern den Raupen der **Kletteneule** *(Gortyna flavago)* und verschiedenen Käferlarven einen Lebensraum. Mehrere Arten von **Blattläusen** sowie verschiedene **Wanzen** tummeln sich auf der ganzen Pflanze und saugen deren Saft.

Oben links: Der aus seiner Puppenhülle (links) geschlüpfte Distel-Schildkäfer schabt wie seine Larven das Blattgewebe ab.

Oben rechts: Die Raupe des Distelfalters frisst in einem lockeren Gespinst an den Pflanzen. Sie verpuppt sich auch dort. Der Falter saugt Nektar an Disteln und vielen anderen Blüten.

Rechte Seite: Die Grüne Distelwanze *(Calocoris affinis)* sticht nicht nur die Gewöhnliche Kratzdistel, sondern auch verschiedene andere krautige Pflanzen an.

## Bohrfliegen

Die Bohrfliege *Terellia longicauda* ist etwa 5 mm groß. Ihre Flügel sind kaum gemustert.

Die Gelbe Bohrfliege hat ein typisches Flügelmuster (links Weibchen, rechts Männchen).

Die Distelbohrfliege zeichnet sich durch ein besonders ausgeprägtes Flügelmuster aus.

Die Stängelgalle der Distelbohrfliege wird mehrere Zentimeter lang.

In der Stängelgalle bildet jede Larve (links) eine eigene kleine Kammer, in der sie überwintert und sich im Frühjahr verpuppt.

Diese Erzwespe (*Eurytoma* sp.) schlüpfte aus einer Galle der Distelbohrfliege.

Im Juli und August fallen auf den knospenden oder sich gerade öffnenden Blütenkörbchen der Wolligen Kratzdistel *(Cirsium eriophorum)* graue Fliegen mit schillernden Augen auf. Es sind **Bohrfliegen** der Art *Terellia longicauda*. Sie haben sich ausschließlich auf diese Distelart spezialisiert. Nach der Paarung versenken die Weibchen ihre Eier in den Körbchenboden. Damit sie tief genug in das Körbchen hineingelangen, endet ihr Hinterleib in einem auffälligen Legebohrer. Die Larven fressen sich durch den Körbchenboden und verpuppen sich auch dort. Die Imagines schlüpfen erst im Folgejahr zur neuen Blütezeit der Disteln.

Andere Disteln und zahlreihe andere Korbblütler (siehe Seite 265, 267) beherbergen ebenfalls Bohrfliegen – jede eine oder mehrere spezielle Arten. Viele haben charakteristische Flügelmuster. Bei der Balz zeigen sie ein auffälliges Verhalten: Sie verdrehen im Sitzen vor ihrem Partner die beiden Flügel unabhängig voneinander in verschiedene Positionen.

In den Körbchen der Gewöhnlichen Kratzdistel *(Cirsium vulgare)* wachsen die Larven der **Gelben Bohrfliege** *(Urophora stylata)* heran. Die **Distelbohrfliege** *(Urophora cardui)* dagegen hat es auf die Stängel der Acker-Kratzdistel *(Cirsium arvense)* abgesehen. Sie fliegt im Juni und Juli besonders an feuchten, schattigen Standorten dieser Distelart. Mit ihrem besonders kräftigen und langen Legebohrer stechen die Weibchen in das feste Stängelgewebe und legen ihre Eier hinein. Ausscheidungen der Larven stimulieren auch hier das Pflanzengewebe, das sich zu einer Galle verdickt und verholzt.

Eigentlich sollte man meinen, dass Bohrfliegenlarven in den verholzenden Kammern gut geschützt heranwachsen. Doch spezialisierte Schlupfwespen erreichen sie auch in diesen Verließen. Ihre Larven leben nun als Parasitoide von den Larven der Bohrfliegen. Junge Larven der Distelbohrfliege werden besonders von Erzwespen der Gattung *Eurytoma* befallen. An manchen Standorten können diese so häufig sein, dass die Gallen ausschließlich Erzwespen und keine Bohrfliegen entlassen.

## Holzige Körbchen

Von Bohrfliegen befallene Fruchtkörbchen lassen sich im Herbst und Winter gut ertasten: Die verholzten Larvenkammern geben selbst auf kräftigen Druck zwischen den Fingern nicht nach. Wenn Sie ein solches Körbchen aufschneiden möchten, so benötigen sie ein kräftiges Messer. Unbefallene Körbchen dagegen geben schon bei leichtem Drücken nach und zerfallen.

Im Winter aufgeschnittenes Körbchen der Gewöhnlichen Kratzdistel mit Puppen der Gelben Bohrfliege.

*Cirsium arvense*
Korbblütler
*(Asteraceae)*

# Acker-Kratzdistel

## Die Pflanze

Bei dieser Kratzdistel tragen die bis zu 1,5 m hohen, unbestachelten Stängel sehr variabel geformte Blätter mit stacheligem Rand und enden in einer Rispe mit zahlreichen Blütenkörbchen. Diese werden ca. 2 cm breit und öffnen sich zwischen Juli und September. Ihre krugförmige Hülle ist kaum stachelig, oft etwas spinnennetzartig behaart und blaurötlich überlaufen.

## Rothäute

April-August

Acker-Kratzdisteln weisen auf den Blattunterseiten und an den Stängeln oft einen rostbraunen Belag auf. Sporenlager des **Ackerdistelrostes** *(Puccinia punctiformis)* brechen hier durch das Gewebe der Pflanze. Dieser Rostpilz lebt ausschließlich auf der Acker-Kratzdistel. Je nach Entwicklungsstadium und Jahreszeit bildet er auf dieser verschiedene Sporentypen. Im Gegensatz zum Erbsenrost (siehe Seite 110) benötigt er hierfür nicht verschiedenen Wirte. Alle Sporen keimen wieder auf Disteln aus. Im Zusammenhang mit der Bekämpfung der Distel als Ackerunkraut haben Forscher herausgefunden, dass der Pilz eine enge Beziehung zum **Eselsdistel-Spitzmausrüssler** *(Acanephodus onopordi)* hat. Dieser unauffällige Rüsselkäfer legt seine Eier in selbst gebohrte Löcher in die unteren Stängelbereiche der Distel. Seine Larven minieren in den Stängeln und oberen Wurzelteilen. Wenn das Weibchen bei der Eiablage Sporen mit sich trägt, verunreinigt es die Löcher mit diesen. Der Pilz keimt aus, die Hyphen wachsen bis in den Wurzelstock und überwintern dort. Im zweiten Jahr durchziehen sie die ganze Pflanze und bilden ihre Sporenlager. Die Stängel der Distel bleiben schmächtiger und blasser, nach wenigen Monaten stirbt die Pflanze ab. Der Käfer profitiert von seiner Dienstleistung, indem seine Nachkommen aus pilzbefallenen Stängeln größer sind und mehr Eier legen. Außer in Kratzdisteln kann sich dieser Spitzmausrüssler auch in einigen anderen Korbblütlern wie Eselsdistel, Flockenblumen und Kletten entwickeln.

## Bleichgesichter

Juni-Oktober

Stehen Keimlinge im Dunkeln, so wachsen diese blass und schmächtig heran. Gemüsebauern bedecken Löwenzahn und Chicorée absichtlich mit Erde, damit er hellgelb und zart bleibt. Auf manchen Äckern sorgen Unkrautbekämpfungsmittel dafür, dass dort nicht gewünschte Wildpflanzen zu kümmerlichen Bleichgesichtern verkommen. Dieses Schicksal kann auch die Acker-Kratzdistel treffen. Doch bei fast weißen Disteln, die

inmitten von saftig grünen Kräutern wachsen, hat weder eine dunkle Abdeckung noch eine Chemikalie die Stängel gebleicht. Hier sorgt ein **Bakterium** (*Pseudomonas syringae* pv. *tagetis*) mit einem Toxin dafür, dass die Sprosse kein Chlorophyll mehr bilden und damit auch keine Fotosynthese mehr betreiben können. Auf befallene Pflanzen auftreffende Regentropfen können die Bakterien auf weitere Pflanzen spritzen. Die Bleichkrankheit befällt dabei auch andere Korbblütler.

Die Pflanze breitet sich mit Samen und waagrecht kriechenden Wurzelsprossen auf Äckern, an Wegrändern und auf Ödflächen aus.

Oben links: Die namensgebenden Sporenlager des Rostpilzes färben sich von Rötlichbraun nach Schwarzbraun.

Oben rechts: Von Bakterien befallene Disteln kommen kaum noch zur Blüte.

Rechts: Der Eselsdistel-Spitzmausrüssler ist nur 3 mm groß. Seine Flügeldecken glänzen metallisch.

# Skabiosen-Flockenblume
# Wiesen-Flockenblume

*Centaurea scabiosa*
*Centaurea jacea*
Korbblütler
*(Asteraceae)*

## Die Pflanzen

Die bis zu 60 cm hohe Wiesen-Flockenblume hat ungeteilte, eiförmige bis lanzettliche Blätter. Bei der bis zu 1,2 m hohen Skabiosen-Flockenblume dagegen sind sie ein- bis zweifach fiederteilig. Beide Arten haben purpurrote Röhrenblüten, von denen die äußeren stark vergrößert sind. Sie werden von einer Hülle aus zahlreichen, dachziegelartig angeordneten Hüllblättern umgeben. Diese besitzen fransige, braune bis schwarze Anhängsel. Bei der Skabiosen-Flockenblume läuft deren gefranster Saum weit herab. Bei der Wiesen-Flockenblume dagegen sind die Anhängsel rundlich und deutlich abgesetzt. Die Früchte tragen an der Basis ein Elaiosom und können von Ameisen verschleppt werden. Beide Arten können gemeinsam auf Wiesen wachsen und blühen zwischen Juni und September.

Juni-September

## Volle Körbchen

Flockenblumen locken mit reichlich Nektar und Pollen eine Vielzahl von Bienen, Hummeln, Schmetterlingen und Schwebfliegen an. Sie sind von den fliegenden Boten abhängig, denn sie bilden nur Samen, wenn Pollen eines anderen Individuums auf die Narben

Der Silbergrüne Bläuling *(Polyommatus coridon)* gehört zu den zahlreichen Blütenbesuchern der Wiesen-Flockenblume.

## Pollenpumpen

Flockenblumen geben ihren Pollen gezielt ab, wenn sie von einem potenziellen Bestäuber besucht werden. So verhindern sie Verluste durch Regen und Wind. Auf jungen Körbchen, die noch wenig Insektenbesuch hatten, können Sie den Mechanismus selbst in Gang setzen: Drücken Sie leicht von oben auf die Blüten. Die Staubfäden ziehen durch den mechanischen Reiz die zu einer Röhre verbundenen Staubbeutel etwas nach unten. Der Griffel drückt nun wie ein Pumpschwengel eine Portion Pollen durch die enge Röhre nach außen. Sie erscheint nach kurzer Zeit wie aus einer Nudelspritze gedrückt. Einmal gereizt, dauert es nur wenige Minuten bis die Staubbeutel wieder die Ursprungsposition eingenommen haben und für einen neuen Pumpvorgang bereit sind. In älteren Körbchen verlängert sich der Griffel. Waren bisher zu wenig Besucher da, schiebt er nun die Pollenpakete automatisch heraus.

kommt. An der Wiesen-Flockenblume konnten Forscher zeigen, dass die Bestäubung auch noch klappt, wenn die einzelnen Pflanzen 200 m auseinanderstehen. So kann Genmaterial selbst zwischen zerstreut wachsenden Einzelpflanzen ausgetauscht werden. Besonders Bienen erwiesen sich als effiziente Pollenüberträger.

## Schwarze Invasion

April–Oktober

Von mehreren Blattlausarten, die auf den Flockenblumen leben, fällt die **Große Distelblattlaus** *(Uroleucon jaceae)* besonders auf. Die meisten Unterarten dieses schwarzen Pflanzensaugers haben sich auf diese Korbblütler spezialisiert. Sie überwintern als Eier und besiedeln bereits im Frühjahr die austreibenden Flockenblumen. Über lange Zeit gebären sie nun lebenden Nachwuchs. Die Tiere strecken ihren Hinterleib oft in die Luft und wackeln beinahe alle rhythmisch zugleich, wenn sie sich bedroht fühlen. Sie werden auch regelmäßig von Ameisen besucht.

Links: Die Gallen der Flockenblumen-Gallwespe können mehrere Zentimeter lang werden.

Rechts: Die Große Distelblattlaus wird bis zu 4,5 mm groß. Zur Blütezeit fällt sie besonders auf. Dann sitzen dichte Kolonien am oberen Stängelbereich – ein gefundenes Fressen für die Marienkäferlarven.

## Schwanger mit Gallwespen

Juli–Oktober

Wenn die Stängel beulenartig verdickt sind, beherbergen sie den Nachwuchs der ca. 2 mm großen **Flockenblumen-Gallwespe** *(Isocolus scabiosae)*. Die Weibchen legen ihre Eier in die Stängel. Das Pflanzengewebe wuchert erst, wenn die Larven im Stängel geschlüpft sind. Ihre Verdauungssäfte stimulieren die Pflanze – der Stängel schwillt an. So können sich die Larven gut geschützt vor Umwelteinflüssen satt fressen und schließlich verpuppen. Lediglich vor Parasitoiden wie Schlupfwespen schützt ihr Wohnraum nicht. Äußerlich ähnelt die Galle den wesentlich häufigeren Stängelgallen an der Acker-Kratzdistel (siehe Seite 256). Dort haben jedoch Distelbohrfliegen ihre Kinderstube. Mehrere Bohrfliegenarten lassen sich auch an Flockenblumen beobachten. Sie legen ihre Eier hier jedoch in die Blütenkörbchen.

Die auf Flockenblumen spezialisierte Bohrfliege *Urophora quadrifasciata* sieht der Distelbohrfliege sehr ähnlich, hat aber eine etwas abweichende Flügelzeichnung. Das Foto zeigt das Weibchen mit seinem langen Legebohrer.

# Wiesen-Bocksbart

*Tragopogon pratensis*
Korbblütler
*(Asteraceae)*

## Die Pflanze

Auf Wiesen, an Wegen und Bahngleisen reckt die zweijährige bis ausdauernde Pflanze ihre verzweigten, milchsafthaltigen Stängel bis zu 70 cm in die Höhe. Sie tragen lang zugespitzte, grasartige Blätter und endständige Blütenkörbchen. Diese öffnen sich zwischen Mai und Juli nur bei schönem Wetter und nur vormittags. Dann breiten sie ihre zahlreichen gelben, fünfzipfeligen Zungenblüten zu einer Scheibe mit einem Durchmesser von 4–7 cm aus. Die Hülle des Körbchens umschließt auch die heranreifenden Früchte. Bei Trockenheit öffnet sich der Fruchtstand zu einer Kugel. Die Früchte entfalten ihren gestielten Federschirm und fliegen mit dem Wind davon.

Während gesunde Körbchen geschlossen an Torpedos erinnern, sehen vom Brandpilz befallene Knospen wie Zipfelmützen aus.

Mai-Juli

## Knospen mit Kaffeepulver

Die **Brandpilzart** *Microbotryum tragopogonis-pratensis* formt die Knospen nach ihren Bedürfnissen um: In gestauchten Knospen entwickeln sich keine Blüten, sondern ihre Sporen. Spreizen die Hüllblätter oder welken die Knospen, spült der Regen sie heraus oder der Wind verbläst sie wie Asche. Bevor der Pilz wieder eine neue Pflanze infizieren kann, muss er sich erst mit einem Partner vom gegensätzlichen Paarungstyp geschlechtlich vereinigen. Bis es so weit ist, kann er eine Zeit lang als Saprophyt von totem organischem Material leben und sich ähnlich wie Hefen ungeschlechtlich vermehren. Erst wenn er einen Partner gefunden hat und die chemischen Reize eines Bocksbarts wahrnimmt, bildet er Hyphen und dringt in ihn ein. Er wächst bis in den Wurzelstock und überdauert dort den Winter. Im nächsten Jahr nützt der Pilz die neuen Bocksbartknospen dann für seine Zwecke: Anstelle funktionsfähiger Blüten entstehen in ihrem Innern seine Brandsporen.

Vieles bei diesem Pilz ähnelt dem Antherenbrand der Nelkengewächse (siehe Seite 135) mit dem er nah verwandt ist. Der Brandpilz des Bocksbarts überlässt die Verbreitung seiner Sporen jedoch ausschließlich dem Wetter. Wind und Regen verbreiten sie aber viel weniger zielgerichtet, als dies blütenbesuchende Insekten zu tun vermögen. Deshalb produziert er viel mehr Sporen als seine insektenverbreiteten Verwandten – jedes pulvrige Körbchen dürfte mehr von ihnen enthalten, als die Schweiz an Einwohnern zählt.

Links: Das staubfeine Sporenpulver des Brandpilzes füllt die umgeformten Knospen wie Kaffeepulver den Messlöffel für die Kaffeemaschine.

Rechts: Die Bocksbartbohrfliege *(Orellia falcata)* schiebt ihren Legebohrer zwischen das Gewirr der Zungenblüten.

# Gewöhnlicher Löwenzahn

*Taraxacum officinale*
Korbblütler
*(Asteraceae)*

## Die Pflanze

Die ausdauernde Pflanze prägt besonders im Frühjahr das Bild gut gedüngter Wiesen und Kuhweiden. Sie gedeiht aber auch in Äckern, Gärten und auf Ödland. Auf einer oft verzweigten, fleischigen Pfahlwurzel sitzt eine Rosette mit mehr oder weniger stark gezähnten Laubblättern. Die hohlen Körbchenstiele schieben sich von April bis Juli in die Höhe und tragen je ein Blütenkörbchen mit bis zu 200 gelben Zungenblüten. Sie locken Bienen, aber auch Käfer und andere Insekten an. Die Körbchen schließen sich nachts und bei schlechtem Wetter. Die von einem lang gestielten Haarschirm gekrönten Früchte entstehen auch ohne Befruchtung. Der Wind kann sie bei trockenem Wetter kilometerweit verblasen.

### Gelb über alles

Gelbe Blüten scheinen manchmal durch etwa 2 mm große Käfer wie gesprenkelt. Der **Rapsglanzkäfer** *(Brassicogethes aeneus)* fliegt auf alles, was gelb ist – einschließlich gelber Kleidungsstücke. Im Frühjahr ist oft der Löwenzahn das erste Ziel der aus dem Winterquartier gekrochenen Käfer. Sie ernähren sich von Pollen, zerbeißen aber auch die Blüten. Sobald der Raps zu blühen beginnt, wechselt der Käfer auf diesen, nagt sich in die Knospen und frisst dort weiter. Das Weibchen legt seine Eier in die Knospen dieses oder anderer Kreuzblütler. Die Larven ernähren sich wiederum von Pollen und verpuppen sich nach mehreren Häutungen im Boden. Die nächste Käfergeneration schlüpft bereits im Sommer und kann dann wieder auf – meist gelben – Blüten angetroffen werden.

## Heimliche Nager

Januar–Dezember

Wenn Sie einen Gemüsegarten haben, ist es Ihnen sicher auch schon passiert, dass eine Salatpflanze von heute auf morgen welk wird und nur noch oberflächlich, fast ohne Wurzel, in der Erde sitzt. An den abgezählten Salatpflanzen fällt uns der Verlust sofort auf – auf Wiesen dagegen bleibt ein Angriff von unten oft unentdeckt. Doch auch hier sind heimliche Nager am Werk – Wühlmäuse zum Beispiel, oder verschiedene Insektenlarven. Die meisten dieser Larven sind nicht auf eine bestimmte Pflanze spezialisiert, sondern fressen verschiedene Wurzeln, die ihnen vor die Mundwerkzeuge kommen. Trotz des bitteren, weißen Milchsafts bleiben die Wurzeln des Löwenzahns nicht verschont. Vorsichtig ausgegrabene Pflanzen zeigen oft große, vertiefte Fraßstellen oder auch zu Stümpfen amputierte Wurzeln. Häufig führen Bohrgänge durch die Wurzeln bis in den Strunk.

Dieses Fraßbild kann zur Raupe des **Ampfer-Wurzelbohrers** *(Triodia sylvina)* gehören, eines auch im Siedlungsbereich recht häufigen Nachtschmetterlings. Die Falter fliegen ab Ende Juli bis in den September um Straßenlampen. Die Weibchen lassen große Mengen an Eiern einfach auf den Untergrund fallen. Die Jungraupen müssen sich also schon ihre erste Futterquelle selbst suchen – bei Wildpflanzen neben Löwenzahn häufig auch Ampfer (*Rumex* spp.) oder Wegerich (*Plantago* spp.). Ist eine Pflanze abgefressen, wechseln die Raupen einfach zur nächsten. Sie überwintern zweimal. Doch nur wenige schaffen es bis zur Verpuppung. Im feuchten Boden werden sie häufig von

Links: Die Raupe des Ampfer-Wurzelbohrers (links) ähnelt etwas der Schnellkäferlarve (*Agriotes obscurus*, rechts) – wird aber mit bis zu 3 cm viel größer.

Rechts: Das Weibchen des Ampfer-Wurzelbohrers klammert sich an einem Grashalm fest und wartet auf ein Männchen.

Pilzen befallen. Auch Maulwürfe, räuberische Tausendfüßler, Vögel und Schlupfwespen zählen zu ihren Feinden.

Die Larven von **Schnellkäfern** der Gattung *Agriotes* hinterlassen ähnliche Fraßstellen. Sie erinnern auf den ersten Blick an einen Wurm mit sechs Beinchen. Ihre Kutikula ist aber viel härter als bei Würmern, weshalb Gärtner ihnen die Bezeichnung «Drahtwurm» gaben. In Wiesen nagen sie besonders gerne an Korbblütlern wie dem Löwenzahn und an Wegerichgewächsen. Doldenblütler meiden sie, wohl wegen deren abschreckend wirkenden ätherischen Ölen. Gräser nehmen eine Mittelstellung in der Hitliste ein. Wenn der Boden nicht gefroren ist, fressen die Larven auch im Winter. Die Käfer ernähren sich ebenfalls vegetarisch, allerdings von Blüten und Blättern. Sie können sich mit einem Schnellapparat zwischen Vorder- und Mittelbrust blitzschnell und mit einem hörbaren «Klick» in die Luft katapultieren und damit ihren Feinden entkommen.

Ein Schnellkäfer frisst auf dem Körbchen. Diese Käfer sind etwas abgeflacht, oft stromlinienförmig und schlank.

Die Körbchen und ihre Stiele zeigen häufig faszinierende Verbänderungen. Hier teilt sich das Gewebe entlang einer Linie, statt nur von einem Punkt aus zu wachsen. So entstehen band- oder kammförmige, oft verdrehte Gebilde. Während bei anderen Pflanzen oft Bakterien, Pilze oder Viren diese ungewöhnliche Wuchsform auslösen, sind solche Erreger beim Löwenzahn nicht nachgewiesen. Bei ihm liegen wohl genetische Ursachen zugrunde.

# Gewöhnlicher Aronstab

*Arum maculatum*
Aronstabgewächse
*(Araceae)*

## Die Pflanze

In feuchten, kalkreichen Laubwäldern wächst der Aronstab oft in Gesellschaft von Anemonen, Bärlauch und anderen Frühjahrsblühern. Zuerst treibt die Staude aus ihrem knolligen Wurzelstock pfeilförmige Laubblätter. Etwas später schieben sich in je ein Hochblatt eingewickelte Blütenstände empor. Jeder Blütenstand besteht aus extrem reduzierten eingeschlechtlichen Blüten ohne Blütenhülle. Er gliedert sich in Zonen: Über der untersten Etage mit weiblichen Blüten folgen oft einige unfruchtbare, borstenartige Reusenblüten, darüber stehen die männlichen Blüten. Den Abschluss machen wiederum Reusenblüten. Der Stiel des Blütenstands selbst endet in einem violettbraunen oder cremefarbenen Kolben. Bis zur Fruchtzeit sind die Blätter vollständig abgestorben. Dann leuchtet nur der Fruchtstand mit orangeroten Beeren auf dem Waldboden.

April-Mai

## Wundertütenfalle

Hell leuchtet das Hüllblatt des Blütenstands zwischen den dunkelgrünen Laubblättern. Ist seine Zeit gekommen, wickelt es sich in den frühen Abendstunden auseinander. Nur sein unterer Abschnitt bleibt zu – als ob eine Hand diesen zusammengedrückt hätte. Aus diesem Kessel ragt nur der Stiel mit dem Kolben heraus, der nun wie eine Kerze vor der hellen Rückwand des Hüllblatts steht. In den kommenden Stunden verwandelt sich der Kolben in eine warme Stinkbombe. In der Wärme entstehen und verflüchtigen sich Inhaltsstoffe (Amine und Indole), die für den fäkalienartigen Geruch verantwortlich sind. Besonders weibliche **Abortfliegen** *(Psychoda phalaenoides)* finden diesen unwiderstehlich. Sie vermuten Kot und damit einen geeigneten Eiablageplatz. Zu Dutzenden fliegen sie in Richtung Kolben. Doch weder dort noch auf dem ausgebreiteten Hüllblatt finden sie Halt. Sie rutschen ab und gleiten in den geschlossenen Kessel, in dem sich die Blüten befinden. Erst nach rund einem Tag können sie von dort wieder herausklettern – genau zum rechten Zeitpunkt, wenn die nächsten Aronstabtüten sich öffnen und ihre verlockenden Duftwolken verströmen.

## Bestäuben unter Hausarrest

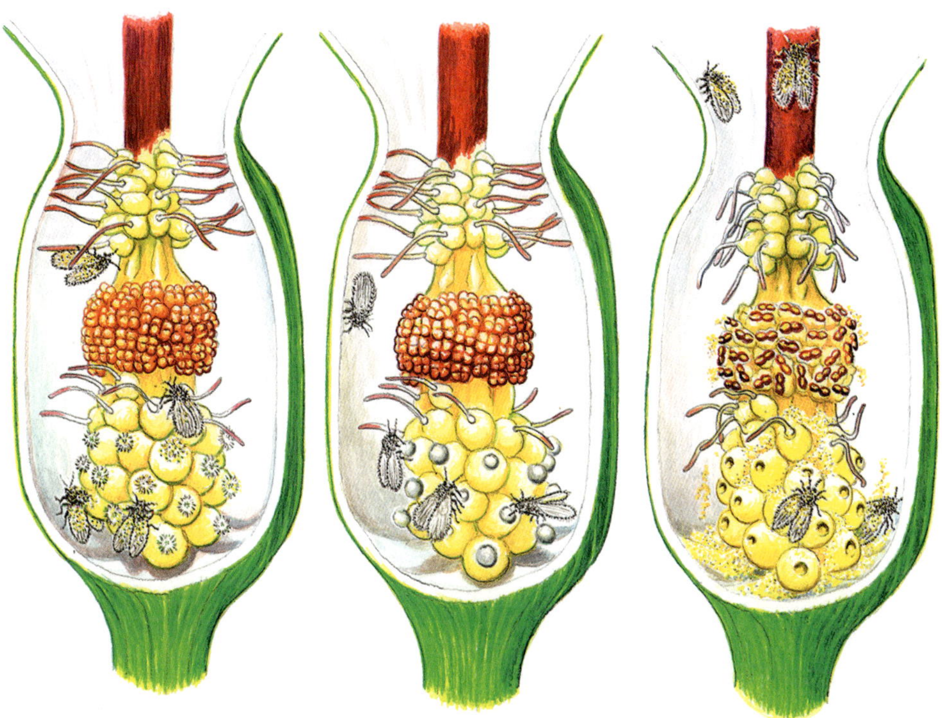

Am Nachmittag und Abend, wenn die 2–3 mm großen Fliegen in den Kessel fallen, ist dessen Wand durch Öltröpfchen so rutschig, dass sie abgleiten und nicht mehr herausklettern können. Zu diesem Zeitpunkt sind die pinselartigen Narben der weiblichen Blüten empfängnisbereit für mitgebrachten Pollen. Die männlichen Blüten sind noch geschlossen.

Im Laufe der Nacht sondern die Narben der weiblichen Blüten schleimige Tropfen ab. Früher glaubten Biologen, dass diese die gefangenen Fliegen verköstigen. Die Imagines der Abortfliegen nehmen jedoch während ihres etwa einwöchigen Lebens keine Nahrung auf. Die Tröpfchen sorgen aber für ein angenehmes feuchtes Klima im Kessel.

Im Verlauf des nächsten Vormittags verblühen die weiblichen Blüten. Nun erst öffnen sich die männlichen Blüten. Ein gelber Pollenregen rieselt auf die Gefangenen herab und pudert sie vollständig ein. Die Fliegen haben nun ihre Aufgabe in diesem Blütenstand erledigt. Die Tüte welkt, ihre Fahne klappt um, und die Reusenblüten schrumpfen. Fliegenfüße finden nun wieder problemlos Halt an der steilen Kletterwand, und die Insekten können den Kessel mit ihrer Fracht verlassen.

## Warme Finger

Umfassen Sie den Kolben eines frisch geöffneten Blütenstands. Er wirkt wie ein kleines Heizöfchen. Messungen haben ergeben, dass der Kolben sich bis auf 40 °C erwärmen kann. Der Temperaturunterschied gegenüber der Umgebung beträgt bis zu 25 °C und liegt damit viel höher als dies die Nieswurz mit ihrem Hefe-Ofen (siehe Seite 35) oder die Silberwurz mit dem Sonnenkollektor (siehe Seite 69) erreicht. Der Aronstab heizt mit zelleigenen Kraftwerken, den Mitochondrien. Bei der Zellatmung wandeln diese gespeicherte Stärke in Energie um.

Bis über 3000 Insekten haben Forscher in einem einzigen Kessel gefunden. Somit ist diese aufgeschnittene Fallgrube vergleichsweise spärlich besetzt.

Das Hüllblatt des Blütenstands wird bis zu 25 cm lang.

*Lilium martagon*
Liliengewächse
*(Liliaceae)*

# Türkenbund-Lilie

## Die Pflanze

In den tieferen Lagen der Mittelgebirge bevorzugt die Türkenbund-Lilie artenreiche Wälder auf Kalk. Weiter oben gedeiht sie auch auf Bergwiesen und wächst in alpinen Hochstaudenfluren. Ihre Schuppenzwiebel schiebt im Frühjahr einen aufrechten Spross. Schwache Zwiebeln bilden daran nur sechs bis zehn quirlartig angeordnete Blätter. Kräftige Sprosse tragen mehrere Scheinquirle und enden in einem traubigen Blütenstand mit selten mehr als zehn besonders nachts duftenden Blüten. Wenn diese sich im Juni oder Juli öffnen, krümmen sich die sechs Perigonblätter so, dass sie an einen Turban erinnern. Die Kapselfrüchte öffnen sich ab September. Nun verbläst der Wind die flachen, geflügelten Samen oder Tiere schütteln sie beim Vorbeistreifen heraus.

## Die Liebe der Rehe

Mai-Juli

In Gegenden mit vielen **Rehen** *(Capreolus capreolus)* schafft es oft kaum eine Pflanze, ihre Blüten zu öffnen. Besonders die Böcke fressen davor die Knospen ab. Beobachtungen aus den 50er-Jahren des 20. Jahrhunderts deuten darauf hin, dass die Knospen eine aphrodisierende Wirkung entfalten. Welche Inhaltsstoffe den Geschlechtstrieb der Rehe anregen, scheint jedoch bis heute nicht näher erforscht zu sein.

## Rote Hähnchen

April-September

Fast regelmäßig lassen sich siegellackrote Blattkäfer und ihre Larven an den Pflanzen beobachten. Das **Lilienhähnchen** *(Lilioceris lilii)* kann nicht ohne Lilien leben – allerdings müssen es nicht unbedingt Türkenbund-Lilien sein. Das **Maiglöckchenhähnchen** *(Lilioceris merdigera)* ist weniger wählerisch, es befrisst Lilien, Maiglöckchen *(Convallaria majalis)* und verschiedene Laucharten.

Die Käfer und ihre Larven nagen längliche Löcher in die Blätter und tiefe Buchten in die Blattränder. Auch Stängel und Knospen schmecken ihnen. Die Entwicklung beider Hähnchen verläuft ähnlich. Die Käfer überwintern im Boden oder unter abgestorbenem Pflanzenmaterial. Nach der Paarung im Frühjahr legen die Weibchen ihre Eier in Reihen auf die Unterseite der Blätter. Ein Lilienhähnchen kann dabei zwischen April und September über 350 seiner orangeroten Eier produzieren. Diese kleben dank eines Sekrets des Käfers auf der Blattoberfläche. Die nach einigen Tagen schlüpfenden Larven tragen ihre Afteröffnung auf der Oberseite des letzten Hinterleibssegments. So häuft sich der Kot auf ihrem Rücken an. Was uns unhygienisch erscheint, sichert der Larve das

Leben: Der Kot tarnt ihren rötlich gelben Körper erfolgreich vor Fressfeinden. Nach 10–24 Tagen verpuppen sich die Larven im Boden. Etwa drei Wochen später schlüpft die nächste Käfergeneration, die erst im nächsten Jahr fortpflanzungsfähig wird. Doch wie finden die Hähnchen ihre Futterpflanzen und ihre Sexualpartner? Bei blühenden Lilien spielen möglicherweise – wie von anderen Käfern bekannt – optische Reize eine große Rolle. Bei nicht blühenden Lilien dagegen scheinen flüchtige Inhaltsstoffe wichtig zu sein – zuerst die der Pflanze und dann vielleicht der Lockreiz von Pheromonen der Käfer, die eine Futterpflanze gefunden haben. Flüchtige Substanzen sorgen auch dafür, dass Weibchen jene Lilien, die bereits von Larven besiedelt sind, nicht mehr zur Eiablage aufsuchen. So hält sich die Konkurrenz auf einer Pflanze in Grenzen. Dies ist wichtig, denn die Larven schaffen es nicht, eine völlig abgefressene Pflanze zu verlassen und eine neue Pflanze zu finden.

Juni-Juli

## Blüten zum Umschwärmen

Auf den ersten Blick scheinen die großen Staubbeutel Blütenbesuchern reichlich Pollen als Nahrung darzubieten. Doch Insekten können kaum auf den wippenden Beuteln oder der öligen, glatten Oberfläche der Perigonblätter landen. Es ist auch nicht der Pollen, mit dem die Pflanze ihre Bestäuber anlockt. Vielmehr trägt jedes Perigonblatt eine zum Blütenzentrum verlaufende Rinne mit zuckerhaltigem Nektar. Dieser ist in erster Linie Nachtschmetterlingen aus der Gruppe der Schwärmer zugängig. Auch Eulenfalter können sich zumindest flatternd vor den Blüten halten und sich dabei mit den Vorderfüßen etwas festhaken. Die Schmetterlinge berühren beim Besuch zuerst die Griffel und übertragen mitgebrachten Pollen auf die Narbe. Während sie Nektar saugen, bleibt neuer Pollen an ihrem Kopf und Körper haften.

Links: Obwohl das Taubenschwänzchen *(Macroglossum stellatarum)* tagaktiv ist, gehört es zu den Schwärmern. Diese können im Schwirrflug – ähnlich wie Kolibris – vor den Blüten stehen.

Rechts: Die 6–8 mm großen Lilienhähnchen haben einen schwarzen Kopf und schwarze Beine ohne rote Bereiche.

## Das Zirpen des Hähnchens

Halten Sie Ihre Hand an der Pflanze unter einen der Käfer – dieser empfindet dies als Gefahr und lässt sich fallen. In Ihrer Hand bleibt er meistens zuerst ruhig auf dem Rücken liegen und präsentiert seine unauffällig schwarze Unterseite. Wenn Sie das Tier nun vorsichtig zwischen Daumen und Zeigefinger einklemmen oder mit einem Finger an die Handfläche drücken und ans Ohr halten, können Sie ein feines, aber deutliches, hohes Zirpen hören. Der Käfer erzeugt das Geräusch, indem er die Kanten seiner Deckflügel wie einen Geigenbogen über das letzte Segment des Hinterleibs streicht. Die dort vorhandenen Querrillen versetzen die Kutikula in Vibrationen mit einem Maximum bei einem Kilohertz. Dieser Stridulationslaut erschreckt Vögel und andere Fressfeinde, sodass sie vom Käfer ablassen. Die eigenen Artgenossen reagieren dagegen auf die Töne nicht.

Oben: Das in manchen Regionen häufigere Maiglöckchenhähnchen hat rote Bereiche an Kopf und Beinen.

Unten: Die Larven der Hähnchen verbergen sich unter einer Tarnkappe, die wie Vogelkot oder ein Dreckhäufchen aussieht.

Fast sicher finden Sie an angefressenen Pflanzen auch Hähnchen – hier das Maiglöckchenhähnchen.

*Iris pseudacorus*
Schwertliliengewächse
*(Iridaceae)*

# Gelbe Schwertlilie

## Die Pflanze

Der kräftige Wurzelstock treibt in zwei Zeilen angeordnete, schwertförmige Blätter. Die vier- bis zwölfblütigen Blütenstände öffnen sich Ende Mai bis Juni. Jede der kurzlebigen Blüten funktioniert wie drei Einzelblüten: Über jedes der drei äußeren Perigonblätter neigt sich ein blütenblattartiger Griffelast mit einer Narbenschuppe. Dazwischen liegt ein Staubblatt. Hummeln fliegen jede dieser Einheiten separat an und strecken ihren Rüssel in den tief verborgenen Nektar. Dabei streifen sie zuerst die Narbenschuppe und laden dort Pollen ab. Beim Herauskriechen nehmen sie neuen Pollen mit. Die Narbenschuppe klappt nach oben und ist so gegen Selbstbestäubung geschützt. Die Kapselfrüchte sind in drei Fächer untergliedert, in denen die abgeflachten, schwimmfähigen Samen wie Münzen in Geldrollen aufgereiht liegen.

## Gut eingelocht

Mai-September

Der **Irisrüssler** oder **Weißpunktige Schwertlilienrüssler** *(Mononychus punctumalbum)* fliegt auf verschiedene Schwertlilien. Für seinen Nachwuchs sucht er sich jedoch fast ausschließlich die Gelbe Schwertlilie aus. Ab Juli bohren die Weibchen tiefe Löcher in die fleischige Kapselwand und nagen an den jungen Samen. Dann drehen sie sich um, stülpen die Legeröhre aus und platzieren ihre Eier in die Samen. Angenagte und befallene Früchte lassen sich recht leicht erkennen: Das Gewebe um die Fraßlöcher sondert einen klebrigen Saft ab, der die Wunden verschließt und diese als dunkle, oft erhabene Flecken sichtbar macht. Die beinlosen Larven fressen sich in den Samen satt. Meistens zerstört jede von ihnen drei Samen, bevor sie sich im mittleren davon verpuppt. Da die Eier über einen längeren Zeitraum abgelegt werden, beherbergt eine reifende Frucht manchmal gleichzeitig Larven, Puppen und bereits geschlüpfte Käfer. Im Spätsommer fressen sich die Käfer durch ein Loch in der Kapselwand ins Freie und überwintern im Boden.

## Gut gewachst

Mai-Juni

Die **Iris-Blattwespe** *(Rhadinoceraea micans)* liebt Schwertlilien, die ganz im Wasser stehen. Nach der Paarung im Mai ritzt das Weibchen mit seiner sägeartigen Legeröhre das Gewebe nahe der Blattbasis an und legt seine Eier hinein. Die Afterraupen fressen bis Ende Juni an den Blättern und kriechen dann in den feuchten Untergrund. Dort spinnen sie einen Kokon und verpuppen sich. Erst im Mai des folgenden Jahres schlüpft die nächste Generation.

Oben: Die Staude gedeiht an Rändern von Gewässern und auf feuchten Wiesen.

Unten: Die Afterraupen der Iris-Blattwespe sitzen meist längs auf den Blättern.

Oben: Der 4–5 mm lange Irisrüssler besitzt einen charakteristischen hellen Punkt auf dem Rücken.

Unten: Im Mai und Juni fressen die Käfer an den Blüten und jungen Früchten und paaren sich auch dort.

Beißt eine Ameise oder ein anderer Fressfeind in die Afterraupe, so tritt aus der Verletzung sofort Körperflüssigkeit aus. Da die Oberfläche der Raupe von besonders strukturierten Wachskristallen bedeckt ist, breitet sich dieses Abwehrsekret nicht über den Körper aus. Vielmehr perlt es ab und bildet einen kleinen Tropfen. Dieser haftet zwischen einer der kleinen Warzen, die oben kein Wachs tragen und den Mundwerkzeugen des Angreifers und verdirbt diesem den Appetit. Ist die Gefahr vorbei, saugt die Raupe ihren Körpersaft wieder ein.

Auch die Afterraupen einiger anderer Blattwespen wehren mit dieser «Bluter-Strategie» ihre Feinde ab. Für die Iris-Blattwespe hat die Wachsschicht jedoch noch eine ganz andere Bedeutung: Nur dank ihr kann die Raupe überhaupt auf der Wasserpflanze leben und von einer Schwertlilie zur anderen wechseln.

Links oben: Die ausgefressenen Samen dienen den Irisrüsslern als Puppenwiege.
Links unten: Hier haben die ausgeschlüpften Rüsselkäfer die Kapselfrüchte bereits verlassen.

Rechts: Der 2–3 mm kleine Iris-Erdflohkäfer *(Aphthona nonstriata)* nagt von März bis September charakteristische Längsstreifen in die Blätter. Bei Gefahr hüpft er weg (siehe Seite 173).

## Im Falle eines Falles

Beobachten Sie einmal, was passiert, wenn eine der Afterraupen ins Wasser fällt. Dank ihrer extrem wasserabweisenden Oberfläche geht sie nicht unter, sondern bleibt auf der Wasseroberfläche liegen. Doch damit nicht genug: Sie bewegt sich über das Wasser und wird dabei nicht nass! Mit ihren beiden Punktaugen sieht sie gut genug, um zielgerichtet wieder eine Schwertlilie anzusteuern – eine möglichst große, wenn sie die Auswahl hat.

Neben der Gemeinen Bernsteinschnecke (*Succinea putris*, links, siehe auch Foto Seite 33) frisst auch die Schlanke Bernsteinschnecke (*Oxyloma elegans*, rechts) an der Schwertlilie.

# Rotes Waldvögelein

*Cephalanthera rubra*
Orchideengewächse
*(Orchidaceae)*

## Die Pflanze

Diese Orchidee gedeiht in lichten, wärmeren Wäldern mit meist trockenen, kalkreichen und nährstoffarmen Böden. Ihr bis zu 50 cm hoher Stängel trägt lanzettliche Blätter und meist 4–12 Blüten. Die dunkelrosa gefärbten, spitzen Perigonblätter neigen sich meist so zusammen, dass die Blüte etwas an einen Vogelkopf erinnert. Erst wenn die äußeren Perigonblätter abspreizen, geben sie einen Blick auf die Lippe und die Geschlechtsorgane frei. Die Fruchtkapseln öffnen sich bei Trockenheit mit Längsspalten und übergeben ihre winzigen Samen dem Wind.

Juni–Juli

## Bestäubung durch Irrtum

Die **Rapunzel-Scherenbiene** *(Chelostoma rapunculi)* und die **Kurzfransige Glockenblumen-Scherenbiene** *(Chelostoma campanularum)* haben sich eigentlich auf Glockenblumen (siehe Seite 242) spezialisiert. Dort finden die Tiere Obdach, tanken Nektar, und die Weibchen sammeln Pollen für ihre Brut. Die Männchen patrouillieren auf der Suche nach Weibchen und Nahrung zwischen den Glockenblumenblüten. Steht ein Waldvögelein in ihrer Flugroute, halten sie es für eine Glockenblume und landen auch dort. Für uns erscheint es absurd, dass die Wildbienen die rotvioletten Waldvögelein mit blauen Glockenblumen verwechseln können. Bienen nehmen mit ihren Facettenaugen jedoch ein etwas anderes Farbspektrum wahr als der Mensch: Sie sehen auch im UV-Bereich, dafür jedoch kein Rot. Die Blüten beider Pflanzen sehen für sie deshalb farblich nahezu gleich aus – eine optische Mimikry.

Das Waldvögelein lockt die Bienen noch zusätzlich: Die gelb gefleckten, erhabenen Längsleisten auf der Blütenlippe imitieren einen gedeckten Tisch – sie ähneln dem mit Pollen beladenen Griffel der Glockenblumen. Schlüpft ein hungriges Männchen einer Rapunzel-Scherenbiene dann ins Innere der Orchideenblüte, findet es dort jedoch keine Nahrung. Beim Rückwärtsgang stößt es an die Geschlechtsteile der Blüte. Etwas klebrige Flüssigkeit benetzt dabei den Rücken des Insekts und klebt die zu zwei weichen Pollinien vereinten Pollen dort fest – aber nicht als Belohnung für das Insekt, sondern damit sie mit dem Patrouillenflieger auf die Narbe der nächsten Blüte gelangen. Die Kurzfransige Glockenblumen-Scherenbiene ist mit nur 4–6 mm Länge so klein, dass sie die Blüte auch verlassen kann, ohne dass sie den Rucksack mit den Pollen mitnimmt – hier gehen Blume und Insekt leer aus.

Untersuchungen zeigen, dass sich während der Blütezeit der Glockenblumen die Bindung der Bienen an deren Blüten festigt, da die Tiere dort Nahrung und einen geschützten Schlafplatz finden. Die Bindung zu den Orchideenblüten, in denen die Bienen regelmäßig leer ausgehen, bleibt dagegen die eines Trittbrettfahrers. Doch dies ist kein Nachteil: Das Waldvögelein öffnet die meisten seiner Blüten früher als die Glockenblumen – so kann es die vor den Weibchen schlüpfenden Bienenmännchen besonders leicht hinters Licht führen.

Oben links: Die Blüten öffnen sich im Juni oder Juli. Unten: Das 8–10 mm große Männchen der Rapunzel-Scherenbiene hat zwei verwachsene Pollinien aus den Geschlechtsorganen der Orchidee gezogen.

Oben rechts: Die Weibchen besuchen ausschließlich Glockenblumengewächse – hier eine Ballonblume *(Platycodon grandiflorus)* in einem Garten.

# Vogel-Nestwurz

*Neottia nidus-avis*
Orchideengewächse
*(Orchidaceae)*

## Die Pflanze

Die Nestwurz wächst in schattigen Buchen- und Laubmischwäldern. Sie besitzt kein Blattgrün und kann deshalb keine Fotosynthese betreiben. Nach etwa neun Jahren schiebt sie zum ersten Mal einen dicken Stängel aus ihrem unterirdischen Wurzelstock. Er zeigt die gleiche hell- bis graubraune Farbe wie die Schuppenblätter und die nach Honig duftenden Blüten. Diese öffnen sich von Mai bis Juni und locken besonders Fliegen an, die Nektar finden. Die ovalen Fruchtkapseln öffnen sich mit Längsspalten, sodass der Wind ab August die Samen herausblasen kann. Meistens bleiben die abgestorbenen Fruchtstände den Winter über stehen.

## Leben am Tropf

Während die parasitisch lebenden Sommerwurzen (siehe Seite 211) und Seiden (siehe Seite 175) immerhin so viele Nährstoffe in ihre Samen packen, dass der Keimling kurze Zeit versorgt ist, schicken alle Orchideen ihre staubfeinen Samen praktisch ohne Proviant auf die Reise. Schon ihr Keimling ist deshalb auf Geburtshilfe angewiesen. Aus eigener Kraft wird er nur wenige Zellen groß. Seine weitere Entwicklung ist nur möglich, wenn schon der Same im Boden von Pilzen infiziert wird. Die Pilzhyphen dringen in die Zellen des Keimlings ein und bilden eine besondere Mykorrhiza. Während bei typischen Mykorrhizaformen (siehe Seite 69, 194) die Pflanze den Pilz mit energiereichen Kohlenhydraten versorgt, drehen die Orchideen den Spieß um. Der Pilz wird zum Opfer. Er beliefert die Pflanze nicht nur mit Mineralien, sondern auch mit organischen Nährstoffen (Kohlenhydraten, Eiweißen). Diese erhält er aus dem Abbau von totem organischem Material im Boden oder aus einer Symbiose mit anderen Pflanzen. Nur die Rindenschichten der Orchideenwurzeln beherbergen Hyphenknäuel der Mykorrhizapilze. In die inneren Rindenbereiche eingedrungene Hyphen werden von der Pflanze verdaut. So gewinnt die Orchidee nicht nur zusätzliche Nährstoffe, sondern hindert den Pilz auch daran, sich in ihr auszubreiten. Sobald sie die ersten grünen Blätter gebildet haben, nabeln sich viele Orchideen ganz von ihrem Pilzpartner ab. Sie können nun mittels Fotosynthese selbst energiereiche organische Stoffe bilden.

Die Nestwurz jedoch bildet nie grüne Blätter. Sie ist deshalb ihr ganzes Leben auf ihre Pilze angewiesen. Biologen fanden in ihr die Hyphen von **Pilzen** aus der Familie der Wachskrustenartigen *(Sebacinaceae)*. Diese unauffälligen Ständerpilze bilden bereits eine Mykorrhiza mit benachbarten Bäumen, zum Beispiel Rot-Buchen – die Orchidee klinkt sich nun einfach als Parasit in dieses Symbiosenetzwerk ein und lässt sich durchfüttern. So versiegt ihre Energiequelle nie – die Nestwurz kann deshalb selbst an vollkommen schattigen Standorten hervorragend gedeihen.

Links: Damit die Nestwurz genügend Pilzhyphen beherbergen kann, besitzt sie sehr viele dicht verflochtene, verdickte Wurzeln.

Rechts: Über die Pilzhyphen (hier rot dargestellt) ist die Orchidee indirekt mit Baumwurzeln verbunden.

# Hummel-Ragwurz

*Ophrys holoserica*
Orchideengewächse
*(Orchidaceae)*

## Die Pflanze

Diese Orchidee wächst auf trockenen Magerwiesen auf kalkreichen Böden. Am Grund sitzen 2–6, am Stängel 2–3 lanzettliche, blaugrüne Laubblätter. Die 2–20 Orchideenblüten öffnen sich von Mai bis Juni. Ihre Perigonblätter sind rosa bis weißlich gefärbt. Die ungeteilte, 1,4–2 cm breite Lippe wölbt sich nach außen und trägt ein nach vorn gebogenes Anhängsel. Sie weist auf dunkelbraunem Grund ein variables Muster auf.

Mai-Juni

## Täuschen mit Sex

Ragwurzarten haben sich meist auf einen oder wenige Bestäuber spezialisiert. Dabei haben sie sich etwas Besonderes einfallen lassen, um diese für sich zu gewinnen: Sie imitieren weibliche Insekten und verführen deren Männchen, sich mit ihnen zu paaren. Hierzu bieten sie verschiedene sexuelle Reize. Sie riechen wie Weibchen, ahmen deren Aussehen nach und fühlen sich ähnlich wie der richtige Partner an.
Die Hummel-Ragwurz treibt ihr Täuschmanöver besonders mit der **Langhornbiene** *Eucera longicornis* und bildet Lockstoffe, die den Sexualpheromonen der Weibchen ähneln. Das Muster auf ihrer Lippe imitiert die Spiegelungen auf den Flügeln der Bienenweibchen. Sie reflektieren stark im UV-Bereich, sodass die Bienenmännchen sie gut wahrnehmen können. Bei jeder Pflanze und jeder Blüte sind diese Muster etwas anders – so wie sie auch bei jedem Weibchen unterschiedlich sind. In aufwendigen Untersuchungen haben Forscher festgestellt, dass Männchen die einzelnen Blüten gut unterscheiden können. Sie möchten sich am liebsten mit solchen Blüten paaren, deren Muster untereinander deutlich abweicht. Auch mit einem richtigen Weibchen kopuliert das Männchen nicht zweimal, und es wählt als Partner bevorzugt ein nicht verwandtes Tier. Wären also alle Blüten identische Weibchenimitate, würde sich das Männchen rasch abwenden. Indem die Orchidee auf die Vorlieben der Bienen eingeht, sorgt sie gleichzeitig dafür, dass ihr Pollen nicht wieder auf der eigenen Pflanze landet. Sie verhindert damit Selbstbestäubung.
Trotz der Tricks der Pflanze durchschauen die lernfähigen Bienenmännchen mit der Zeit den Schwindel und fliegen keine Ragwurz mehr an. Diese ist dann auf noch unerfahrene Männchen angewiesen. Biologen haben aus ihren Beobachtungen abgeleitet, dass wohl höchstens ein Männchen pro Blüte einen Paarungsversuch startet. Wenn eine Pflanze etwa 3–4 Wochen lang blüht, so ist es also recht unwahrscheinlich, gerade Zeuge dieses Spektakels zu werden. Auch die Ausbeute an bestäubten Blüten ist gering: Bei der Hummel-Ragwurz reift meist nur aus 1–3 % der Blüten eine Frucht. Doch die 12 000–14 000 Samen,

Oberhalb der samtig behaarten Lippe warten
die gelben Pollinarien darauf, ihre Klebescheibe
an ein Insekt zu heften.

## Für jeden das Richtige

Während der Duft der Pheromone die Langhornbienen aus größerer Entfernung anlockt, hilft die rosa Farbe der Perigonblätter ihnen beim Landeanflug. Die Männchen dieser Bienengattung haben nicht nur größere Antennen als die Weibchen, sondern auch größere Augen. Sie setzen beides ein, um die Weibchen zu finden.

Andere Ragwurzarten wie die Spinnen-Ragwurz *(Ophrys sphegodes)*, die männliche Sandbienen (Gattung *Andrena*) sexuell täuschen, haben eher grünliche Perigonblätter. Auch dies steht im Einklang mit den Bestäubern: Bei Sandbienen ähneln die Männchen den Weibchen. Ihr Sehsinn spielt nur eine untergeordnete Rolle bei der Partnersuche. Dafür imitiert diese Orchidee den Sexualduftstoff der Bienen besonders gut.

die sie in jeder voll entwickelten Fruchtkapsel bilden kann, machen die geringe Bestäubungsrate wieder wett.

Auch der **Gartenlaubkäfer** *(Phyllopertha horticola)* versucht nicht selten, sich mit der Lippe der Hummel-Ragwurz zu paaren. Bestimmte Komponenten ihres Parfüms locken auch ihn an. Wenn er sich sexuell hoch erregt auf der Lippe bewegt, können bei ihm Pollinarien eher zufällig auf dem Kopf oder am Hinterteil kleben bleiben. Obwohl er als Bestäuber nicht besonders effizient ist, kann er Pollen übertragen und damit an Standorten ohne die Langhornbiene für die Vermehrung der Pflanze sorgen.

Oben: Bei seinem Paarungsversuch mit der Hummel-Ragwurz drückt das Männchen der Langhornbiene seinen Kopf gegen die Kappe, hinter der sich die Pollinarien befinden.

Unten: Die beiden gestielten Pollenpakete der Spinnen-Ragwurz kleben bereits am Kopf der Sandbiene und wirken wie gelbe Fühler.

**Afterraupe:** Larve der Blattwespen.

**Bestäubung:** Übertragung des Pollens auf die Narbe. Bestäuber können Tiere, aber auch der Wind und Wasser sein. Bei der Selbstbestäubung gelangt der eigene Pollen auf die Narbe, bei der Fremdbestäubung der einer anderen Pflanze der gleichen Art.

**Befruchtung:** Vereinigung einer männlichen und einer weiblichen Keimzelle. Bei den Blumen wächst hierzu der Pollen nach der Bestäubung mit einem Pollenschlauch von der Narbe in den Fruchtknoten und die dort befindlichen Samenanlagen hinein. Erst nach der Befruchtung können die Samen wachsen.

**Blütenökologie:** Wissenschaft zu den Bestäubungsvorgängen bei Blüten. Umfasst sowohl belebte als auch unbelebte Faktoren.

**Chitin:** Wichtigster chemischer Stoff im Außenskelett von Insekten, Spinnentieren und anderen Gliederfüßern. Außerdem Hauptbestandteil in der Zellwand von Pilzen.

**Chlorophyll:** Grüner Pflanzenfarbstoff (Blattgrün), der eine Schlüsselrolle bei der Fotosynthese spielt.

**Elaiosom:** Fett-, protein- oder zuckerreicher, fleischiger Anhang oder Auswuchs an Samen, Früchten oder Teilfrüchten, der Ameisen als Nahrung dient (Fresskörperchen). Diese sorgen dabei für die Verbreitung der Samen.

**Extraflorales Nektarium:** Nektardrüse, die außerhalb des Blütenbereichs sitzt.

**Fotosynthese:** Stoffwechselprozess grüner Pflanzen. Chlorophyll fängt die Energie der Sonne ein und wandelt sie in chemische Energie um. Mit dieser produzieren die Pflanzen Zucker und andere Kohlenhydrate aus Kohlendioxid und Wasser und setzen dabei Sauerstoff frei.

**Fruchtblatt:** Weibliches Blütenorgan. Fruchtblätter können frei bleiben, sodass jedes einen Fruchtknoten, einen Griffel und eine Narbe besitzt, oder sie verwachsen zu einem Stempel.

**Galle:** Durch Parasiten ausgelöste Wachstumsveränderung einer Pflanze. Meist handelt es sich um Wucherungen, in denen sich die Nachkommen der Erreger geschützt entwickeln können.

**Haustorium:** Besonders ausgebildetes Saugorgan, mit dem eine Pflanze oder ein Pilz Stoffe aus einem anderen Organismus aufnehmen kann.

**Hyphe:** Verzweigte oder unverzweigte Zellfäden von Pilzen.

**Imago:** Geschlechtsreifes, erwachsenes Insekt.

**Klon:** Genetisch identische Lebewesen. Klonen über eine ungeschlechtliche Vermehrung spielt eine wichtige Rolle bei Pflanzen und vielen niederen Tieren.

**Koevolution:** Während der Stammesgeschichte stattfindende wechselseitige Anpassung von Arten, die miteinander in Beziehung stehen.

**Kutikula:** Die oft wachshaltige Schutzschicht auf den Außenwänden der äußeren Zellschicht von Pflanzen. Bei Insekten und anderen Gliederfüßern bildet die Kutikula das Außenskelett.

**Larve:** Nahrungsaufnehmendes Jugendstadium eines Tieres zwischen dem Eistadium und dem Erwachsenenstadium.

**Leitbündel:** Bei den Blumen für den Ferntransport zuständiges System, das die ganze Pflanze durchzieht. Besteht aus Wasserleitungsbahnen für den Transport von Wasser und darin gelösten Stoffen von den Wurzeln nach oben (Xylem) sowie aus dem Phloem.

**Metamorphose:** Umwandlung einer Larve zum erwachsenen Tier. Vollzieht sich bei vielen wie Schmetterlingen, Käfern und Fliegen als vollständige Metamorphose, bei der während eines Puppenstadiums ein kompletter Umbau der Organe stattfindet. Andere Insekten wie Wanzen haben eine allmähliche Metamorphose, bei der eine schrittweise Umwandlung während der Larvenstadien stattfindet.

**Mimikry:** Ähnlichkeit einer Tierart mit einer anderen Tierart. Am bekanntesten ist die Nachahmung eines giftigen oder gefährlichen Tieres durch ein harmloses Tier, sodass Feinde getäuscht werden.

**Mykorrhiza:** Symbiose zwischen Pflanze und Pilzen im Wurzelbereich («Pilzwurzel»). Bei den Bäumen Mitteleuropas bilden die Pilzhyphen meist einen dichten Mantel um die Wurzelenden (Ektomykorrhiza), bei krautigen Pflanzen entstehen vesikulär-arbuskuläre Mykorrhizen (VA-Mykorrhiza). Einen Sonderfall bildet die Orchideen-Mykorrhiza.

**Myzel:** Geflecht aus vegetativen Hyphen eines Pilzes.

**Nahrungskette:** Aufeinanderfolgende Nahrungsbeziehungen von Organismen. Am Anfang steht ein Produzent, es folgen Konsumenten. Blätter dienen zum Beispiel Raupen als Nahrung, diese werden von kleinen Vögeln gefressen, diese wiederum von Greifvögeln gejagt.

**Narbe:** Oft klebriger Teil des Stempels, auf den bei der Bestäubung der Blüten der Pollen übertragen wird.

**Nektar:** Von den Pflanzen aus besonderen Nektardrüsen ausgeschiedene wässrige Flüssigkeit. Nektar enthält verschiedene Zucker sowie kleine Mengen an Mineralien und Duftstoffen.

**Nektardiebstahl:** Erbeuten von Nektar aus den Blüten durch Insekten, ohne dass diese die Blüten bestäuben oder Blütenteile zerstören. Dies findet zum Beispiel statt, wenn kleine Insekten an Narbe und Staubblättern vorbei in die Blüten kriechen können.

**Nektarraub:** Im Gegensatz zum Nektardiebstahl zerstören die Insekten beim Raub einzelne Blütenteile, zum Beispiel, indem sie einen Blütensporn aufbeißen.

**Neophyt:** Pflanze, die sich nach der Entdeckung Amerikas (1492) in einem anderen Kontinent angesiedelt hat.

**Ökologie:** Wissenschaft von den Beziehungen der Lebewesen untereinander und zu ihrer unbelebten Umwelt.

**Ökosystem:** Einheit aus verschiedenen Organismen, die miteinander in Beziehung stehen, und den abiotischen Umweltfaktoren.

**Parasit:** Organismus, der sich von anderen Lebewesen ernährt oder diese für seine Fortpflanzung nutzt. Parasiten schädigen ihre Wirte, töten sie aber meist nicht.

**Parasitoid:** Organismus, meist ein Insekt, der in seiner Entwicklung parasitisch lebt und den Wirt zum Schluss tötet. In der Regel benötigen Parasitoide zu ihrer Entwicklung nur ein Individuum des Wirtes.

**Perigon:** Blütenhülle aus mehr oder weniger gleich gestalteten und gefärbten Blütenblättern.

**Pheromon:** Chemische Substanz, die als Botenstoff und der Kommunikation zwischen verschiedenen Individuen derselben Art dient.

**Phloem:** Leitungsbahnen der Pflanzen, die organische Stoffe wie die Zucker aus der Fotosynthese und Aminosäuren transportieren. Sie leiten diese Stoffe vom Ort der Produktion oder Speicherung an den Ort, an dem die Pflanze sie benötigt.

**Pollen:** In den Staubbeuteln der Blüten gebildeter Blütenstaub. Er besteht aus Pollenkörnern, den männlichen Keimzellen.

**Pollinarium:** Einheit, die aus einem oder mehreren Pollinien und Anhangsgebilden besteht. Bei vielen Orchideen sitzen zum Beispiel ein Stielchen und eine Klebescheibe daran.

**Pollinium:** Miteinander verklebte Pollen eines Staubbeutelfachs.

**Puppe:** Ruhe- und Übergangsstadium zwischen Larve und Imago bei Insekten mit vollständiger Metamorphose.

**Saftmal:** Farblich abgesetztes Muster oder Zeichnung einer Blüte, weist Insekten den Weg zum Nektar.

**Saprophyt:** Bakterien, Pilze, Pflanzen und Tiere, die von totem organischem Material leben.

**Spore:** Einzellige Fortpflanzungs- oder Vermehrungszelle von Pilzen, Farnen, Bakterien und anderen.

**Staubblatt:** Männliches Blütenorgan, besteht aus dem Staubfaden und dem Staubbeutel, in dem der Pollen gebildet wird.

**Stempel:** Weiblicher Blütenbereich bei Blüten mit verwachsenen Fruchtblättern, umfasst Fruchtknoten, Griffel und Narbe.

**Symbiose:** Lebensgemeinschaft von Individuen verschiedener Arten, die für alle Partner von Vorteil ist.

**Vegetationszeit:** Zeitraum des Jahres, in dem die Pflanze im Wachstum begriffen ist.

**Vegetative Vermehrung:** Ungeschlechtliche Vermehrung, zum Beispiel bei Pflanzen über Ausläufer oder Brutzwiebeln.

**Wirt:** Lebewesen, von dem ein oder viele andere Organismen ihre Nährstoffe erhalten. Die Beziehung kann sowohl eine Symbiose als auch ein Parasitismus sein.

**zygomorph:** Bezeichnung für Blüten, die zwei spiegelbildliche Hälften und damit nur eine Symmetrieebene haben. Hierzu gehören zum Beispiel Schmetterlingsblüten, Lippenblüten und Orchideenblüten.

# Literaturtipps

## Bücher

Amiet, F., Krebs, A., Müller, A. (2019): Bienen Mitteleuropas: Gattungen, Lebensweise, Beobachtung. Haupt.

Arzt, V. (2011): Kluge Pflanzen. Goldmann.

Bellmann, H., Honomichl, K., Jacobs, W. (2007): Biologie und Ökologie der Insekten: Ein Taschenlexikon. Elsevier, Spektrum.

Bellmann, H., Spohn, M., Spohn, R. (2018): Faszinierende Pflanzengallen. Entdecken, bestimmen, verstehen. Quelle & Meyer.

Brandenburger, W. (1999): Parasitische Pilze an Gefäßpflanzen in Europa. Spektrum Akademischer Verlag.

Carter, D.J., Hargraeves, B. (1987): Raupen und Schmetterlinge Europas und ihre Futterpflanzen. Blackwell Wissenschafts-Verlag.

Didier B., Guyot, H. (2012): Des plantes et leurs insectes. Quae éditions.

Düll, R., Kutzelnigg, H. (2016): Taschenlexikon der Pflanzen Deutschlands und angrenzender Länder. Quelle & Meyer.

Ebert, G. u.a. (1991–2003): Die Schmetterlinge Baden-Württembergs. 10 Bände. Ulmer.

Flügel, H.-J. (2013): Blütenökologie Band 1. Die Partner der Blumen. Die neue Brehm Bücherei Band 43. VerlagsKG Wolf.

Harborne, J.B. (2013): Ökologische Biochemie: Eine Einführung. Springer Spektrum.

Hess, D. (1991): Die Blüte. Ulmer.

Klenke, F., Scholler, M. (2015): Pflanzenparasitische Kleinpilze. Springer Spektrum.

Kruse, J. (2019): Faszinierende Pflanzenpilze. Erkennen und bestimmen. Quelle & Meyer.

Lauber, K., Wagner, G., Gygax, A. (2018): Flora Helvetica – Illustrierte Flora der Schweiz. 6. Auflage. Haupt.

Martin, K., Allgaier, Ch. (2011): Ökologie der Biozönosen. Springer.

Redfern, M. (2011): Plant Galls. HarperCollins Publishers.

Rheinheimer, J., Hassler, M. (2018): Die Blattkäfer Baden-Württembergs. Kleinsteuber Books.

Rheinheimer, J., Hassler, M. (2013): Die Rüsselkäfer Baden-Württembergs. Verlag Redionalkultur.

Schwerdtfeger, M., Flügel, H.-J. (2015): Blütenökologie Band 2. Sexualität und Partnerwahl im Pflanzenreich. Die neue Brehm Bücherei Band 43/2. VerlagsKG Wolf.

Spohn, M. u. R. (2016): Bäume und ihre Bewohner. Haupt.

Wachmann, E. (1989): Wanzen – beobachten – kennenlernen. Neumann-Neudamm.

Westrich, P. (2018): Die Wildbienen Deutschlands. Ulmer.

Willner, W. (2013): Taschenlexikon der Käfer Mitteleuropas. Quelle & Meyer.

## Internetquellen

### Verschiedene Tiere:

www.natur-in-nrw.de
www.bugguide.net
www.naturspaziergang.de

### Pflanzengallen und -minen:

www.pflanzengallen.de
http://offene-naturfuehrer.de/web/Häufige_Pflanzengallen_in_Deutschland_(Alexandra_Kehl)
www.bladmineerders.nl
www.ukflymines.co.uk

### Insekten:

www.insects.ch
www.insekten-sachsen.de
www.wildbienen.de
www.wildbienen.info
www.lepiforum.de
http://aramel.free.fr
http://influentialpoints.com/Gallery/Aphid_genera.htm

Listen zu Insekten und ihren Futterpflanzen in Großbritannien:
www.brc.ac.uk/DBIF/homepage.aspx

Listen mit Beziehungen von Pflanzen, Insekten, Spinnentieren, Pilzen und anderen in Großbritannien und Irland: www.ecoflora.org.uk

Pflanzenarten und die von ihnen lebenden Schmetterlinge:
www.floraweb.de/pflanzenarten/sonderthemen_schmetterlinge.html

### Pflanzenparasitische Kleinpilze:

http://jule.pflanzenbestimmung.de

Für dieses Buch haben wir darüber hinaus sehr viele spezielle Fachartikel und Fachliteratur ausgewertet, in denen viele neue Erkenntnisse zu den Beziehungskisten zu finden waren.

# Register

Seitenangabe in **Fettdruck**: Pflanzen der Artenporträts

## Bildnachweis

Günter, Roland, Naturbildarchiv Günter: S. 50
Hecker, Frank, Naturfoto: S. 133 links, 249 links, 250 links
Spohn, Margot: S. 16 oben, 24, 70, 206, 235
Spohn, Roland: alle anderen Fotos und alle Illustrationen

Umschlag vorne:
W. Layer/Blickwinkel: Klatsch-Mohn *(Papaver rhoeas)* und Kornblume *(Centaurea cyanus)*
Spohn, Roland: Wegerich-Scheckenfalter *(Melitaea cinxia)* auf Acker-Witwenblume *(Knautia arvensis)*

Umschlag hinten:
Spohn, Roland: Anemonenbecherling *(Dumontinia tuberosa)*, Larven Kugelwanze *(Coptosoma scutellatum)*, Larve Querbindiger Fallkäfer *(Cryptocephalus moraei)* auf Tüpfel-Johanniskraut *(Hypericum perforatum)*, Blauer Schwalbenwurz-Blattkäfer *(Eumolpus asclepiadeus)*, Hauhechel-Bläuling *(Polyommatus icarus)* auf Zottigem Weidenröschen *(Epilobium hirsutum)*, Bohrfliege *(Terellia longicauda)* auf Wollköpfiger Kratzdistel *(Cirsium eriophorum)*, Lilienhähnchen *(Lilioceris lilii)* auf Türkenbund-Lilie *(Lilium martagon)*